U0298927

家政学研究

HOME ECONOMICS RESEARCH No.1

第1辑

河北师范大学家政学院
河北省家政学会 / 主 编

社会科学文献出版社
SOCIAL SCIENCES ACADEMIC PRESS (CHINA)

序

毫无疑问，家政学是一门科学，国家需要，社会更离不开，不但研究家庭科学的人需要它，女性和社会研究者也离不开它，从事家政服务业的人更需要它，家庭是社会的细胞，每个家庭也都需要家政学的智慧。正如我国家政教育的先驱、河北师范大学前身之一河北省立女子师范学院院长齐国樑先生所言："家事重于一切，一切基于家事。""家政教育是改善家庭的教育，推而广之，由家而国以至整个社会的革新，都是家政教育的目的。"在齐先生的倡行、主持、坚守下，河北师范大学成为近代以来我国家政教育主要策源地、制高点之一。家政教育与家政学科建设砥砺前行、弦歌不辍，培养了大批优秀学生，为国家建设和社会发展做出了独有的贡献，学校自身也积累了自晚清以来丰厚的办学历史和宝贵的家政学生培养经验。由于历史原因，20世纪50年代以来家政学科在我国式微几十年。当今时代，我国经济发展迅猛，社会和谐呼声高涨，国人的生活品质提升愿望强烈，时代呼唤家政学专业复苏，新时代急需大批家政专业人才。

习近平总书记高度重视家庭、家教、家风和家政服务业发展。他指出家政是朝阳产业。2019年6月，《国务院办公厅关于促进家政服务业提质扩容的意见》（国办发〔2019〕30号）文件出台，明确提出"支持院校增设一批家政服务相关专业"，这是自2012年教育部新修订的《普通高等学校本科专业目录》的家政学专业（专业代码030305T）开设以来，首次在政府文件中明确提出要求本科高校和职业院校（含技工院校）开设家政服务相关专业。同年9月，教育部办公厅等七部门发布的《关于教育支持社会服务产业发展 提高紧缺人才培养培训质量的意见》（教职成厅〔2019〕3号）

提出"每个省份的职业院校要开设家政服务、养老服务类专业，引导围绕社会服务产业链打造特色专业群"。接连出台的两份政策文件，表明家政教育已经引起党和国家的高度重视。

　　理论与实践共生，教学与科研相长。早在 1930 年，我校家政学系就创办了刊登师生家政研究成果的《家政汇刊》。民国时代，我国的家政学向欧美日学习，今天，国外的家政教育已与经济学深度融合或与专业的家政事项相通，或像日本深入中小学生的日常生活。而今我们正经历着中国式现代化建设，家庭、老龄化社会、育儿、家庭生活的一切都被打上了新时代烙印。为回应国家所需和社会关切，接续学校家政教育文脉，恢复家政学办刊传统，河北师范大学家政学院和河北省家政学会联合创办《家政学研究》学术集刊，为新时代家政学研究提供平台，助力家政教育发展。

　　万事开头难，怎样发展因应新时代的家政学、构建新时代的家政学学科体系，如何设置家政类专业课程，采取何种家政学人才培养模式，如何建设科学合理、符合培养标准的家政学专业，以及家政学如何助力家政服务业发展等一系列问题，对我们而言都是一个个必须面对的挑战。

　　《家政学研究》将遵循"交流成果、活跃学术、立足现实、世界眼光、面向未来"的办刊宗旨，秉持社会导向、责任导向和未来导向，努力探究我国新时代家政学理论与实践的重大问题。以家政学理论、家政教育、家政思想、家政比较研究、家政产业、家政政策、养老、育幼、健康照护等为主要领域，旨在为新时代家政学发展集思广益，建言献策，将新时代家政学推向繁荣昌盛！

　　此刻《家政学研究（第 1 辑）》面世，它肩负使命而生，莺声初啼，尚望百鸟和鸣，祈愿同人共襄盛举，持续努力，合力办好这本集刊。

（戴建兵，河北师范大学党委书记，教授，博士生导师）

2022 年 11 月 15 日

目录

Contents

Feature

Academic Introduction

Hot spot focus

Talent Cultivation

Studies on the History of Home Economics

International Vision

Family Life Study

Meeting Summary

习近平关于新时代家庭建设重要论述的内涵、价值和实现

戴建兵　于文华　白　玫

（河北师范大学，河北 石家庄 050024）

【摘　　要】习近平总书记高度重视家庭建设，提出"注重家庭、注重家教、注重家风"的新时代家庭建设总要求，以"注重家庭"凸显家庭的基础地位，以"注重家教"明确家庭的教育交流功能，以"注重家风"强调家庭的文化传承功能，三者环环相扣、相互依托、彼此作用，为新时代我国家庭建设提供了行动指南。家庭建设是执政为民思想的重要体现，是传承中华民族优良传统的需要，是培育担当民族复兴大任时代新人的需要，具有重要的时代价值。新时代家庭建设，要坚定理论自信，坚持依法治家，与时俱进，走出一条中国特色的家庭建设之路。

【关 键 词】新时代；习近平新时代中国特色社会主义思想；家庭建设

【作者简介】戴建兵，河北师范大学教授，博士生导师，主要从事货币学、金融史、家政学、教师教育领域的教学与研究。于文华，河北师范大学家政学院副教授，主要从事语言心理学、家政教育、劳动教育的研究。白玫，河北师范大学教育学院教授，主要从事高等教育、教师教育研究。

家庭是社会的细胞，是国家发展、民族进步、社会和谐的重要基石。习近平总书记高度重视家庭建设，多次就家庭、家教、家风发表重要讲话，深刻回答了为什么重视家庭建设、新时代建设什么样的家庭、怎样建设家庭等重大理论和实践问题，系统阐明了新时代家庭建设的根本要求和丰富内涵，为新时代家庭建设指引了方向，也为培育和践行社会主义核心价值观、实现中华民族伟大复兴的中国梦提供了科学的理论制度和行动指南。

一 "三个注重"：新时代家庭建设的总要求

2016 年 12 月 12 日，习近平总书记在会见第一届全国文明家庭代表时，首次提出并阐发了关于"注重家庭、注重家教、注重家风"（以下简称"三个注重"）的重要论述。自习近平总书记提出"三个注重"的家庭建设新要求后，在多个场合展开关于家庭建设的系列论述，定位了家庭不可替代的生活赡养、教育交流和文化传承等社会功能，"三个注重"也成为习近平关于家庭建设重要论述的核心内容。"三个注重"凸显了家庭、家教、家风的重要性，也隐含了三者的密切关系，"家庭为'本'，家教为'术'，家风乃'魂'"[①]，三者环环相扣、相互依托、彼此作用。"三个注重"要求既是家庭建设的重点，也是新时代我国家庭建设的行动指南。

（一）以"注重家庭"凸显家庭的基础地位

"天下之本在国，国之本在家"[②]，2018 年春节团拜会上，习近平引用了《孟子》中的这句经典，阐释了家庭的重要性，天下国家的根本在于家庭，家庭是国家民族发展的基础。家庭作为人们终生的依靠和港湾，是人

---

① 栾淳钰、王勤瑶：《家庭·家教·家风关系及启示论》，《贵州社会科学》2016 年第 6 期。
② 习近平：《在 2018 年春节团拜会上的讲话》，《人民日报》2018 年 2 月 15 日，第 2 版。

类繁衍后代和生存的重要场所，是人们衣食住行的生活阵地，也是传递文化、培养人才的重要平台。习近平用"三个不可替代"定位了家庭重要的社会功能，凸显了家庭在人们生活中、在社会发展中、在国家建设中的基础地位。

第一，家庭的生活依托不可替代。家庭对人具有生活的物质依托功能和精神家园的安身立命作用。家庭不仅给人们提供了生存发展的基础，也给人们提供了个体活动的私人领域，每个家庭成员的日常生活都是在家庭中逐步建立起来的，受家庭显性和隐性的双重保护。从古至今，家庭不仅是人们的容身之所，也是人们慰藉心灵之处。虽然现代人是以独立个体的身份参与社会生活的，但绝大多数人仍会组成家庭，与家人组成生活共同体，相互恩爱扶持，教育子女成人成才。

第二，家庭的社会功能不可替代。从社会学的角度来看，每个人都是社会人，从属于社会。家庭则是社会的细胞，是社会最亲密的组织基础，是每个人最牢固的社会关系，也体现了最基本的社会问题。尽管家庭的建设结构逐渐简化和缩小，但家庭在多个层面所体现的社会功能在逐渐增加和外化，家庭的许多问题也呈现社会化趋势，家庭与外部的关系越来越交叉重叠。所以，家庭问题并不仅仅体现为个体的和家庭的问题，而且进一步反映为社会现象，比如空巢家庭、单亲家庭、留守家庭等，这些家庭问题最终不可避免地演化成社会问题并成为社会现象长期存在。由此可见，如果不重视家庭建设，既影响家庭和谐稳定，也影响社会和谐稳定。

第三，家庭的文明作用不可替代。家庭可以通过良好家教和家风为社会培育出合格公民。家庭文化有着它独特的价值和作用，是社会文化的重要组成部分。习近平总书记把耕读传家、母慈子孝的家庭文明看作中华文化的鲜明标签和华夏文明生生不息的基因密码，彰显着中华民族的思想智慧和精神追求，这充分体现了家庭文明建设的重要性。注重家庭文明建设，关系到家庭和睦，关系到社会和谐，关系到下一代健康成长。

（二）以"注重家教"明确家庭的教育交流功能

习近平在全国教育大会上对家庭教育的首要地位做了充分的肯定，他提出了"四个第一"①，阐释了家庭教育对孩子一生的影响，也表明了家长尤其是父母在家庭教育中的主导地位，诠释了家庭教育的重要任务与目标方向。家庭教育是最重要的教育，它具有启蒙性、基础性、终身性。家庭教育的成效直接影响学校教育和社会教育。它不仅关系到孩子的健康成长，还关系到家庭的和睦幸福、社会的和谐稳定以及国家民族的富强振兴。从狭义的家庭教育来说，家长特别是父母，要把良好的品德、习惯传递给孩子，使其形成健康的人格，培养其良好的人际关系；要给予他们正确的引导，教育他们树立正确的世界观、人生观和价值观，达到"立德树人"的根本目标。

首先，要形成"人生第一所学校"，就要做好家庭建设。家庭教育最重要的任务就是道德教育，培育和传递社会主义核心价值观。家庭成员要担负起建设家庭的职责，为孩子的成长提供一个良好的家庭环境，处理好家庭关系，这样才能为孩子建设好的"人生第一所学校"。

其次，要上好"人生第一课"，就要不断自我提升。父母扮演着孩子人生"第一任老师"的重要角色，承担着传生活之道、授人生之业、解成长之惑的责任，这对作为家长的父母长辈，也提出了更高的要求。父母的"老师"角色，不仅仅起到导师的作用，更具有榜样的力量。在家庭中，父母长辈的言行举止会潜移默化地融入子女的成长教育中，父母长辈的人生态度、道德观念也会对子女起到榜样示范的作用；而孩子的言行也会影响父母的行为举止。因此，家庭中，父母长辈等其他家庭成员要不断地自我教育、自我成长、以身作则，才能成为孩子的人生导师和榜样。

最后，要"扣好人生第一粒扣子"，要帮助孩子树立正确的价值观。青少年的价值观养成就像穿衣服扣扣子一样，如果第一粒扣子扣错会导致剩余的扣子都扣错。人生的第一粒扣子就是良好的行为习惯、道德标准，要扣好它，就需要培养孩子的社会主义核心价值观。家庭教育的影响贯穿人的一生，从第一粒扣子到人生的每一个台阶，家庭教育都在持续不断地

---

① 习近平：《在全国教育大会上的讲话——论坚持全面深化改革》，中央文献出版社，2018，第 471~473 页。

发挥作用。

（三）以"注重家风"强调家庭的文化传承功能

家风是家庭文明的历史积累，是家庭文化的沉淀，表明了家庭所追求的一种信仰。良好的家风能够带给社会正能量，对党风、政风、社风有直接的影响。习近平在会见全国文明家庭代表时，用"积善之家必有余庆，积不善之家必有余殃"形象地总结了家风的可贵，凸显了良好的家风对家庭建设的重要性。

优良的家风体现了优秀的家庭文明，是家庭文化的外在表现，家风的建设也是对传承和弘扬优秀传统文化的积极响应。中华优秀传统文化内容丰富、历史悠久，是中华民族宝贵的精神财富，在世界史上是其他任何国家都无法比拟的。作为传统文化的重要组成部分，家风文化更是成了中华传统文化的缩影，家风文化传承需要家庭教育来实现，因此，家庭也成为传承优秀传统文化的重要载体。优良的家风不仅使家庭朝着积极向上的方向发展，也使社会文明增添了强大的助力，推动了社会主义精神文明建设。

习近平非常重视党员干部的家风建设。党的十八大以来，党内积极传承红色文化，革命先辈的红色家风文化成为党员干部家风建设的模范和榜样。党员干部的家风建设是党内良好作风的基础，也是良好社会风气的指向标。广大党员干部应该重家教、立家规、正家风，自觉培育以家风促党风、以党风促社风的意识。

二 新时代家庭建设的价值意蕴

（一）家庭建设是执政为民思想的重要体现

党的十八大以来，习近平总书记在不同场合多次谈到要"注重家庭、注重家教、注重家风"；强调"家庭和睦则社会安定，家庭幸福则社会祥和，家庭文明则社会文明，家庭的前途命运同国家和民族的前途命运紧密相连"①；指出，无论时代如何变化，无论经济社会如何发展，对一个社会来说，家庭的生活依托都不可替代，家庭的社会功能都不可替代，家庭的文明作用都不可替代。在二〇二二年新年贺词中，习近平同志也指出："大国之大，也有大国之重。千头万绪的事，说到底是千家万户的事。"

在现代社会中，家庭的基本功能并没有改变，家庭仍然是我国当代社会结构中的组织细胞。国家富强，民族复兴，最终要体现在千千万万个家庭都幸福美满上，体现在亿万人民生活不断改善上。习近平总书记指出："让老百姓过上好日子是我们一切工作的出发点和落脚点。"② 中国共产党始终坚持以人民为中心，永远把人民对美好生活的向往作为奋斗目标，坚信人民对幸福生活的追求是推动人类文明进步最持久的力量。进入新时代，人民对美好生活的向往更加强烈，习近平总书记对家庭建设的重视，体现了党和政府始终把人民的利益、人民的需要放在心上，摆在至高无上的地位，努力为人民创造更美好、更幸福的生活。

（二）家庭建设是传承中华民族优良传统的需要

家是最小国，国是千万家。中华民族历来尊奉"家国同构"的理念，"小家"和"大国"命运紧密相连。这种家国统一、相依互存的理念根植于国人心中，展现出厚重的家国情怀。《孟子》中云："天下之本在国，国之本在家"，阐释了家庭的重要性，表明了家庭的和谐美满对国家民族发展、美好社会建设的重要意义。《大学》中说："家齐而后国治，国治而后天下平"，为如何从"家"至"国"提供了实现的路径。

新时代，坚守家国情怀，就要不断推进家庭文化建设，使之成为促进国家发展的重要基点。习近平总书记提出，要传承中华民族重视家庭及其

---

① 习近平：《在会见第一届全国文明家庭代表时的讲话（2016 年 12 月 12 日）》，人民出版社，2016，第 1~5 页。
② 中共中央宣传部：《习近平新时代中国特色社会主义思想学习纲要》，学习出版社、人民出版社，2019，第 157 页。

精神价值的优良传统，他指出："中华民族自古以来就重视家庭、重视亲情。家和万事兴、天伦之乐、尊老爱幼、贤妻良母、相夫教子、勤俭持家等，都体现了中国人的这种观念"①，这些都是中华民族优秀传统文化的重要组成部分。在会见第一届全国文明家庭代表时，习近平总书记指出："尊老爱幼、妻贤夫安、母慈子孝、兄友弟恭，耕读传家、勤俭持家，知书达礼、遵纪守法，家和万事兴等中华民族传统家庭美德，铭记在中国人的心灵中，融入中国人的血脉中，是支撑中华民族生生不息、薪火相传的重要精神力量，是家庭文明建设的宝贵精神财富。"② 要想早日实现"两个一百年"奋斗目标，把我国建成富强民主文明和谐美丽的社会主义现代化强国，就必须发扬中华民族传统家庭美德，促进家庭和谐和睦、亲人相亲相爱、下一代健康成长、老年人老有所养，使千千万万个家庭成为国家发展、民族进步、社会和谐的重要基点。因此，我们首先要重新在全社会形成提倡家庭价值的观念，接续传承和弘扬中华民族自古以来形成的重视家庭的传统。

（三）家庭建设是培育担当民族复兴大任时代新人的需要

按照马克思、恩格斯的两种生产理论，人的生产是在家庭中进行的，物的生产主要是通过人的联合的社会化大生产得以实现的。家庭是人生的第一所学校，也是终身学校；家长是孩子的第一任老师，也是终身老师；家庭教育是教育的起点和基点，也是影响终身的教育。家庭教育对人的影响是深刻且持久的。这种影响具体来说主要表现为早期的根基性和后期的深远性。蔡元培先生指出，"幼儿受于家庭之教训，虽薄物细故，往往终其生而不忘"，"习惯固能成性，朋友亦能染人，然较之家庭，则其感化之力远不及者"。由此，"一生之事业，多决于婴孩"。家庭教育的影响会根植于人的血脉之中，为人的一生留下不可磨灭的印迹。

---

① 习近平：《在 2015 年春节团拜会上的讲话》，《人民日报》2015 年 2 月 18 日。
② 习近平：《在会见第一届全国文明家庭代表时的讲话（2016 年 12 月 12 日）》，人民出版社，2016，第 1~5 页。

在全国教育大会上，习近平总书记从"四个第一"的高度对家庭教育做了深刻论述，指出"家庭是人生的第一所学校，家长是孩子的第一任老师，要给孩子讲好'人生第一课'，帮助扣好人生第一粒扣子"。总书记的讲话高度概括了家庭教育的重要性，对新时代家庭建设具有重要的指导意义，能够为实现中华民族伟大复兴奠定宽厚坚实的人才基础。

三 新时代家庭建设的实现路径

（一）理论自信：新时代家庭建设的思想之基

习近平关于家庭建设和家庭教育重要论述涉及范围广、探及路径深、理论科学性强，具有承前启后的作用，对于丰富和发展马克思主义家庭观和党的教育方针，具有重要的理论意义。

首先，习近平关于家庭建设的论述丰富了马克思主义家庭观。尤其是在家庭的功能定位、家庭在人类社会生活中的地位、妇女在国家政治生活尤其是在家庭教育中的作用进行了系统的论述，极大地丰富和发展了马克思主义家庭观。

其次，习近平关于家庭教育的论述丰富了党的教育方针的时代内涵。习近平总书记首次提出了家庭教育"四个第一"的重要论述，为重新认识教育的本质、功能，重新确立家庭教育在教育体系中的地位和作用，把握家庭教育的根本任务、基本原则、内容方法和条件保障提供了新的理论遵循。

（二）依法治家：新时代家庭建设的必由之路

中国俗语讲"清官难断家务事"，人们倾向于认为家庭是私密的场所、封闭的结构，按照自己的方式运行，"外人"不便介入。这种观念为许多社会问题埋下了隐患，严重阻碍了我国家庭建设的进程和家庭教育的发展。

2021 年 10 月 23 日，十三届全国人大常委会第三十一次会议表决通过了《中华人民共和国家庭教育促进法》，这是我国首部关于家庭教育的专门立法，"意味着我们正在走一条具有中国特色、民族特性和时代特征的家庭教育发展之路"①。该法案的通过与实施标志着我国家庭教育已经迈入法治化轨道，同时意味着家庭教育绝不仅是家事而且是国是。新时代，我国的人口结构、家庭结构、女性地位、儿童生活内容、教育观念等都发生了极其深刻的变化，国家通过立法形成具体制度对家庭建设进行规范、支持和引导，体现了党和国家对于家庭建设与新时代儿童成长的高度关切，对"重拾家庭的重要价值，发挥家庭建设在国家治理中的重要功能，并以法治化路径来保障家庭的发展"② 具有重要价值。

（三）与时俱进：新时期家庭建设的本质要求

党的十九大报告指出："伴随着中国特色社会主义进入新时代，我国社会的主要矛盾已经转化为人民日益增长的美好生活需要和不平衡不充分的发展之间的矛盾。"这是习近平总书记通过对中国国情的全面观察，对我国在新的历史时期的社会主要矛盾的新判断、新定位。

社会主要矛盾的转变也对新时期家庭建设提出了新的任务和挑战。在新的历史时期，一方面，生产力的进步和物质的丰富使家庭的物质财富、生活水平等得到了较大的满足和改善；另一方面，"社会转型期的剧烈变动使得家庭功能进一步弱化，网络文化的冲击促使夫妻感情淡化，多元文化价值观碰撞加入代际关系异化，市场经济的利益观引发婚姻观念物化"③ 等，都对新时期的家庭建设工作提出了新的挑战。习近平总书记说："这几年我反复强调要注重家庭、注重家教、注重家风，是因为我国社会主要矛盾发生了重大变化，家庭结构和生活方式也发生了新变化。""要积极回

---

① 华伟：《〈中华人民共和国家庭教育促进法〉的立法宗旨、法律内涵与实施要求》，《南京师范大学学报》（社会科学版）2022 年第 3 期。

② 邓静秋：《厘清与重构：宪法家庭条款的规范内涵》，《苏州大学学报》（法学版）2021 年第 2 期。

③ 王凤双：《社会主要矛盾转变视角下和谐家庭建设的新思考》，《学习论坛》2018 年第 12 期。

应人民群众对家庭建设的新期盼新需求，认真研究家庭领域出现的新情况新问题，把推进家庭工作作为一项长期任务抓实抓好。"[1] 因此，新时期的家庭建设需要立足全新的历史时期，立足全新的国情、民情，与时俱进，走出一条中国特色的家庭建设之路，才能真正满足人民群众的需要，才能让每个人、每个家庭都为中华民族大家庭做出自己的贡献，推动中华民族伟大复兴和"两个一百年"奋斗目标早日实现。

（编辑：陈伟娜）

Xi Jinping on Family Construction in the New Era: Connotation, Value and Approaches

DAI Jianbing, *YU Wenhua*, *BAI Mei*

（Hebei Normal University, Shijiazhuang, Hebei 050024, China）

Abstract: General Secretary Xi Jinping attaches great importance to family construction and puts forward the general requirements for family construction in the new era, i. e., "giving weight to family, family education and family tradition." "Giving weight to family" highlights the fundamental role of family, "giving weight to family education" pinpoints the education and communication function of family, "giving weight to family tradition" underlines the cultural inheritance function of family. These three requirements are interconnected, interdependent and interactive with one another, providing a guideline for family construction in China in the new era. Embodying the idea of governing for the benefit of people, family construction is indispensable for carrying on our national legacy and for cultivating the new generation for the rejuvenation of the Chinese nation, and is thus of great contemporary value. In the new era we should fortify

---

① 杨昊：《绘就家和万事兴的幸福图景》，《人民日报》2022 年 5 月 16 日，第 1 版。

our confidence in theory, adhere to the rule of law, keep pace with the times, and find a way to family construction with Chinese characteristics.

Keywords：The New Era; Xi Jinping Thought on Socialism with Chinese Characteristics in the New Era; Family Construction

联合国 SDGs 与我国家政学
未来发展之思考

张承晋

（台南应用科技大学生活科技学院，台湾台南 710302）

【摘　　要】联合国大会制定 2030 年可持续发展议程（The 2030 Agenda for Sustainable Development），提供人类与地球现在及未来和平与繁荣的蓝图。联合国制定的 17 个可持续发展目标（Sustainable Development Goals，SDGs）涵盖环境、经济与社会等面向，鼓励各界响应全球所面临的各项挑战。环顾世界，已有多国与学会将推动 SDGs 作为家政学的目标。我国家政学正步入一个崭新的阶段，各省正积极强化家政教育建设。本文以家政学的家庭、饮食、居住与服饰四大内涵为主轴，对应联合国 17 个可持续发展目标并与之相联结。期许未来通过推动全球化进程，使家政学逐步展现其社会责任与贡献，结合各方资源共创可持续未来。分别以国际、美国、日本与中国香港地区的视角分析家政学的内涵，并探讨从家政角度看可持续发展目标与可持续发展目标导入家政学的四大内涵，期望能求取其中相互对应之处。另外，以大学家政学系推动实现 SDGs 作为未来的发展工作目标，进行多元的研究与思路的开拓。期许能为我国高等教育中家政学未来的发展提出值得参考的路径，并为其与国际接轨提供参考模式。

【关 键 词】可持续发展目标；家政学；发展方向

【作者简介】张承晋，台湾大学农学博士，河北师范大学兼任教授，湖南女子学院特聘教授，康宁大学教授、院长、教务长，台南应用科技大学教授、所长、处长，成功大学兼任教授，北京师范大学兼任教授，台湾生活应用科学学会第四、五届理事长，高雄市世贸会展协会常务副理事长，台湾生物资源暨农业经贸交流协会副理事长。

一 前言

联合国大会 2015 年制定 2030 年可持续发展议程，提供人类与地球现在及未来和平与繁荣的蓝图。[①] 2030 年可持续发展议程以 17 个可持续发展目标为核心，紧急呼吁所有国家，包括已开发及发展中国家采取全球伙伴行动，期望能在 2030 年前消除贫困、改善健康与教育、减少不平等、促进经济发展、减缓气候变迁、保护森林及海洋生态系统。毕竟这些问题与生活息息相关，有赖于各国携手合作才能扭转当前局势，进而达到可持续发展的可能。

联合国制定的 17 个可持续发展目标涵盖环境、经济与社会等面向，鼓励各界响应全球所面临各项挑战。环顾世界，在国际家政联合会（IFHE）倡议之下，亚洲家政学会（ARAHE）、日本家政学会（JSHE）积极响应[②]，已有多国家政学会以推动实现 SDGs 为家政学的全面性目标，动员力量，发挥知识影响力，促进社会与经济发展，协助维护环境可持续。

我国家政学依托家政的发展正步入一个崭新的阶段，各省正积极强化家政教育建设。然"君子之学，贵乎慎始"，值此我们拥有极佳的再出发

---

① 董亮：《2030 年可持续发展议程下"人的安全"及其治理》，《国际安全研究》2018 年第 3 期。

② 井元りえ：《〈总括家政学原论部会行动计画（2009～2018）的 10 年〉全体计画与 10 年间》，《家政学原论研究》2018 年第 52 期。

起始点（restart point）之际，是否已经明确掌握正确方向？回顾过去与展望未来是我们需要进一步反思的问题。本文以家政学的家庭、饮食、居住与服饰四大内涵为主轴，对应联合国 17 个可持续发展目标并与之相联结。期许未来通过推动全球化，使家政学逐步展现其社会责任与贡献，结合各方资源共创可持续发展的未来。

二　联合国 17 项可持续发展目标

联合国可持续发展目标承接自 2000 年所倡议的千禧年发展目标（Millennium Development Goals，MDGs），其中包含 17 项目标（Goals）及 169 项细项目标（Targets）。17 项可持续发展目标如图 1 所示。17 项可持续发展目标在兼顾"经济成长"、"社会进步"与"环境可持续"三大面向之下制定出积极的行动方案，展现了可持续发展目标的规模与期望。[①]

17 项可持续发展目标说明如下：

目标 1 无贫穷（No Poverty）：在全世界消除一切形式的贫困。

目标 2 零饥饿（Zero Hunger）：消除饥饿，实现粮食安全，改善营养状况和促进可持续农业。

目标 3 良好健康与福祉（Good Health and Well-Being）：确保健康的生活方式，增进各年龄人群的福祉。

目标 4 优质教育（Quality Education）：确保包容和公平的优质教育，让全民终身享有学习机会。

目标 5 性别平等（Gender Equality）：实现性别平等，增强所有妇女和女童的权能。

目标 6 清洁饮水和卫生设施（Clean Water and Sanitation）：为所有人提供清洁水资源和卫生设施及进行可持续管理。

目标 7 经济适用的清洁能源（Affordable and Clean Energy）：确保人人

---

① SDGs China：《2030 年可持续发展议程 Sustainable Development Goals（SDG）》，http：//sdgcn. org/index. html. 2022。

图 1 联合国 17 项可持续发展目标（SDGs）

负担得起、可靠和可持续的现代能源。

目标 8 体面工作和经济增长（Decent Work and Economic Growth）：促进持久、包容和可持续经济增长，促进充分的生产性就业和人人获得适当工作。

目标 9 产业、创新和基础设施（Industry，Innovation and Infrastructure）：建设具有防灾能力的基础设施，促进具有包容性的可持续工业化及推动创新。

目标 10 减少不平等（Reduced Inequalities）：减少国家内部和国家之间的不平等。

目标 11 可持续城市和社区（Sustainable Cities and Communities）：建设包容、安全、具有防灾能力和可持续的城市和人类居住区。

目标 12 负责任消费和生产（Responsible Consumption and Production）：确保可持续的消费和生产模式。

目标 13 气候行动（Climate Action）：采取紧急行动应对气候变化及其冲击。

目标 14 水下生物（Life Below Water）：保护和可持续利用海洋和海洋资源，促进可持续发展。

目标 15 陆地生物（Life on Land）：保护和可持续利用陆域生态系统，可持续管理森林，防治沙漠化，防止土地劣化，遏止生物多样性的丧失。

目标 16 和平、正义与强大机构（Peace, Justice and Strong Institutions）：创建和平与包容的社会以促进可持续发展，提供公正司法之可及性，建立各级有效、负责与包容的机构。

目标 17 促进目标实现的伙伴关系（Partnerships for the Goals）：加强执行手段，重振可持续发展的全球伙伴关系。

上述的说明中显示出这 17 项目标无论是内容或是面向均着眼于人类生活质量的提升。IFHE 第二十四届国际大会"家政：迈向可持续发展"（Home Economics：Soaring Toward Sustainable Development）于 2020 年 8 月在美国佐治亚州亚特兰大召开。IFHE 制定的立场声明（Position Statement）① 旨在实现以下六个目标：终结一切形式的贫困；消除饥饿，实现粮食安全和营养改善，促进可持续农业发展；确保健康生活并提高所有年龄段的所有人的福利；实现性别平等并赋予所有妇女和女童权利；确保人人享有清洁的水和卫生设施并对其进行可持续管理；确保可持续的生产和消费模式。2020 年 IFHE 在美国亚特兰大举行国际大会，以可持续发展为学会的宗旨，与各国家政学者的主张不谋而合。② 因此，我们应该深入思考如何尽一己之力并结合社会力量共同发声，将可持续发展引进家政学，将家政学带入一个更加恢宏深邃的轨道中。

---

① This IFHE Position Statement – Home Economics in the 21st Century – serves as a platform to achieve this goal. It intends to encapsulate the diverse nature of the field and hence throws a broad net to embrace its multiplicity and the various ways in which it has adapted to meet specific requirements, in terms of educational, business, social, economic, spiritual, cultural, technological, geographic and political contexts.

② Donna Pendergast, 2018, SDGs and Home Economics：Global Priorities, Local Solutions, Conference：1st International Conference on Social, Applied Science and Technology in Home Economics（ICONHOMECS 2017）, pp. 234–240.

三 家政学内涵

（一）国际家政联合会对家政学内涵的界定

IFHE 于 2008 年发表 IFHE Position Statement，这份立场声明将有助于在现代社会中定位家政学，并为积极解释家政学的重要性提供依据。家政学的作用是为个人、家庭和社区赋权和增进福祉，以及通过有偿和无偿劳动以及志愿服务来解决人一生中将面临的各种情况的终身学习问题。它关乎个人、家庭和社区的能力发展、国内支持和防御。[①]

首先，家政学是个人、家庭和社区为了过上舒适、充满活力、高质量的生活而进行研究、教育和传播的领域。

其次，家政学者专注于跨学科领域，是个人、家庭和社区的倡导者，在理论和实践之间来回穿梭，深度融合。

再次，家政针对的是与衣食住行相关的常规物理环境，以及与家庭内外、社区相关的人文环境。

最后，家政学比其他学术领域更舒适、更有活力，家政领域包括社会 5.0 时代符合条件的中小学和高等教育机构以及家庭生活顾问的人力资源培训机构。

（二）美国对家政学内涵的界定

家政学（Home Economics），在美国通常被称为家庭和消费者科学，侧重于了解日常问题和改善影响个人、家庭和社区的生活要素，例如人际关系、住所、服装和营养。家庭和消费者科学课程通常提供学士和硕士级别的学位，并且可以从事教学和与人类服务相关的专业或职业。

至于家庭和消费者科学（Family and Consumer Science，FCS），其领域

---

① IFHE：2002，IFHE Position Statement，http：//www.ifhe.org.uk/sites/default/files/pdfs/ IFHE_ Position_ Statement_ 2008. pdf. 2021-06-24.

源于家政学，它是技能、研究和知识的综合体，可帮助人们就他们的幸福、人际关系和资源做出明智的决定，以实现最佳的生活质量。学科中涵盖许多领域，包括人类发展、个人和家庭理财、住宅和室内设计、食品科学、营养和健康、纺织品和服装、消费者问题。①

　　学会方面提出，家庭和消费者科学知识体系是作为该领域基础的当前框架，如图 2 所示，呈现了三类概念：综合要素、核心概念和横切主题。知识体系模型的设计不仅为了呈现概念，也为了展示它们的相互关系、协同作用和相互作用。本文的重点是呈现该模型的核心概念——基本人类需求、个人幸福感、家庭力量和社区活力。为了提供理论背景，本文对支撑主体的综合要素知识——生命历程发展和人类生态系统——进行了简要的讨论。②

（三）日本对家政学内涵的界定

　　日本家政学会的官方观点认为，日本自 1960 年以来的快速经济增长为日本民众的生活带来了物质上的改善，进而为健康做出了不小的贡献，例如日本成为世界长寿国。但在家庭生活方面，日本面临着离婚率提升、青少年犯罪增多、老龄化和少子化加剧、富裕消费生活背后存在严重资源环境问题等。家庭生活与当地社区和国民经济以及国际和全球环境问题密不可分，社会扭曲和矛盾与家庭生活息息相关。个人生活方式被深深卷入全球破坏，如果没有消费者的视角，这个问题将是不可想象的。1984 年，家政学以自然科学、社会科学、人文科学为基础，以家庭生活为中心，从人的角度和物理的角度研究人与环境之间的相互作用。如今，它是一门为

---

① AAFCS：2022, What is FCS?, https：//www. aafcs. org/about/about-us/what-is-fcs.

② Sharon Y. Nickols, Penny A. Ralston, Carol Anderson, Lorna Browne, Genevieve Schroeder, Sabrina Thomas, Peggy Wild, 2009, "The Family and Consumer Sciences Body of Knowledge and the Cultural Kaleidoscope：Research Opportunities and Challenges", Family And Consumer Sciences Research Journal, pp. 266-283.

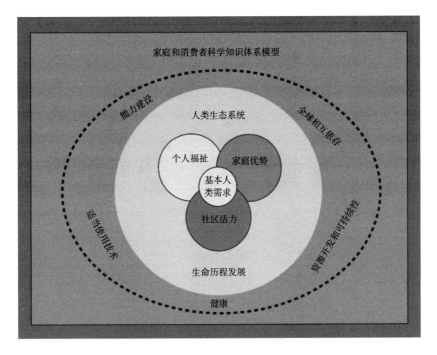

图 2　家庭和消费者科学知识体系模型

福利做出贡献的实用综合科学。①

　　为了解决家庭和社会存在的各种问题，家政学有一种观点，即似乎有必要将家庭生活置于一个广阔的生态系统中，将家庭和个人生活置于一种暂时的生活方式中。家政学者认为，重要的是从消费者的角度出发，从生活原则而非经济原则的角度来思考生活、社会和地球。

　　为应对如此庞杂且多元的家庭与社会问题，日本家政学会特别规划以生活质量为目标是家政（Home Economics aiming at Quality of Life）的核心，面向国际、环境、防灾、健康、福祉，聚焦家庭、衣服、居住和食物，总揽各项专业，如图 3 所示。

---

① 上村协子：《未来の世代の生活の质を向上させるための家政学の使命》，《家政学原论研究》2019 年第 53 期。

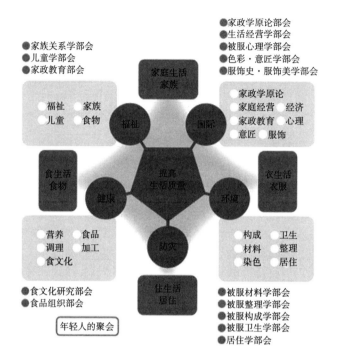

图 3　日本家政学会专业分科一览

资料来源：日本家政学会：《日本家政学会概要》，https：//www.jshe.jp/about/index.
html.2022。

（四）中国香港对家政学内涵的界定

衣、食、住是人类生存的基本需要，也是我们生活的一部分，反映着人类在不同时代、不同地方的历史、文化、社会、经济、科技发展，以及不断改变的生活方式。近数十年，科技发展一日千里，知识型经济或社会和全球一体化的发展趋势给家居、家庭、学校、社区、工作方式、社会以至全球都带来新挑战，直接或间接地改变着我们的生活，同时也影响我们的价值观、信念、对日常生活方式及优质生活的诠释。这一切不断为我们带来新挑战，鼓励我们检视自己的生活方式，思考传统家庭价值观、家庭关系，以至我们的衣着、饮食，如何做个负责任的公民、保护环境及为我们的健康做出明智的选择。

家政学以优质生活满足人类需要为核心，提供从个人到家庭再到社会所需的知识与技能。参酌本地情境与国际情境，推动文化传承、科学发展、经济发展、社会发展、科技发展、生态发展六个面向，如图 4 所示。为了使大家对家政学有全面和多角度的认识，运用图 4 来组织说明，联系有关时事的议题或趣味性的主题，演示这些因素相互之间的复杂关系和互动性，以及对个人、家庭、社会以至整个世界的影响。

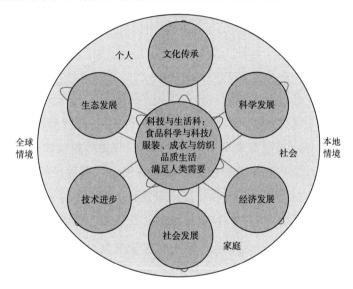

图 4　香港家政/生活科学包含的角度

资料来源：课程发展议会：《科技教育学习领域科技与生活课程及评估指引（中四至中六）》，香港：政府印务局，2007。

家政是科技教育学习领域内的一个学科。在初中阶段，家政科的主要学习内容包括食物、衣饰、家居及家庭四方面。课程理论与实践并重，让学生能结合知识、技能，培养尽责、关爱的态度。家政知识亦可以帮助学生在成年后保持和推动健康的生活方式，以贡献社会。

四　家政学内涵与 SDGs 之连接

（一）从家政角度看可持续发展目标

1. 终结一切形式的贫困

贫困不仅仅是缺乏收入和资源。家政教育和研究的范围还包括家庭成员之间的关系及其自由获得财物的机会，尤其是指通常操持家务的妇女。

健康问题导致家庭成员经济社会资源被剥夺、发展受阻等重大问题。进步延长了寿命并消除了疾病，但农村妇女等弱势群体面临健康问题，缺乏健康教育，其饮水健康也因缺乏污水处理设施和卫生设施而受到影响。

2. 消除饥饿，实现粮食安全和营养改善，促进可持续农业发展

食品生产与食品消费密切相关，在家庭层面，其成员就其消费选择、行为和生计策略做出决定。食物准备和健康饮食模式是家政教育的一个重要方面，同时倡导将这一主题纳入课程。

家政旨在改善个人、机构（孤儿院、养老院）和家庭成员的福祉、生活质量和健康状况。与健康相关的家政学研究从多个角度促进了健康状况改善。"食品安全与营养"（Food Security and Nutrition）研究侧重于健康与营养不良之间的关系，以及食物过敏和营养对长寿和健康饮食的影响。

3. 确保健康生活并提高所有年龄段的所有人的福利

传染病和空气污染物带来的危险尤其影响一般家庭和机构中的弱势群体。家政知识有助于安全的食品加工、健康的饮食、基本的卫生行为，并为危险的杀虫剂或不利于健康的炉灶提供安全的替代品。

家居科技（Household Technology）的研究为安全家用电器和清洁炉灶的开发（降低农村妇女的烟气死亡率）做出了贡献。卫生方面的研究正在帮助个人、机构和家庭改善感染预防、清洁和食品加工过程。纺织和家居

技术 （Textile and Household Technology） 研究开发了用于厨房、厕所和医疗保健的特殊织物和洗衣工艺，以减少受污染织物造成的感染。家政教育 （Home Economics Education） 研究开发了教育家庭成员和宣传卫生行为知识的方法。

4. 实现性别平等并赋予所有妇女和女孩权利

赋予妇女和女孩权利始于家庭，只有在家庭成员之间培养、分享行为和价值观，然后自信地追求超越才能实现教育或就业方面的性别平等。

从家政学的角度来看，家庭成员关系、工作/家务分担、资源分配、决策以及女性的角色是实现性别平等的基本要素。由于该领域的大多数学科研究者是女性，家政学在各个领域都提倡性别平等。可以看出性别平等是实现 SDGs 不可或缺的目标，与个人和家庭的状况息息相关。①

5. 确保人人享有清洁的水和卫生设施并对其进行可持续管理

水资源可能被视为当地商品，但在家政学领域也需要考虑当地家庭活动和消费对全球环境健康的影响。个人和社会机构应促进和维护与水质相关的行为和卫生标准，这是家庭知识的核心要素。

实用的家政教育促进健康状况改善，起到预防细菌感染的作用。学过家政基础知识的人，强调卫生行为（洗手、食品加工、洗涤等），避免使用危险的农药和不健康的炊具，会做出安全的选择，以保护身体健康，规避风险。

家政专家还有助于那些无法在疗养院照顾自己的人增进健康和福祉。此外，它采用多维方法来增进所有个人、机构和家庭成员的身体和心理健康方面的社会福祉。

6. 确保可持续的生产和消费模式

家政学将消费者视为决策者，他们的互动会产生影响，并对可持续生产生活负责。它包含人们也应该积极参与其社区的概念，从而促进和支持全球范围内向可持续发展的过渡。

---

① 仓元绫子：《报告 3　IFHE·SDGs ポジション·ステートメントを読み解く：ゴール5ジェンダー平等を実現し，すべての女性と少女をエンパワーする》，《家政学原论研究》2021 年第 55 期。

　　家政一直关注个人、家庭以及他们的行为如何与经济、社会和生态环境联系起来。一方面，家庭成员的行为如何有助于可持续发展和可以提供哪些支持以最大限度地发挥他们的可持续发展潜力。另一方面，可持续发展如何帮助家庭成员。此外，在此背景下的主要问题是哪些经济、社会和生态环境先决条件支持和促成个人和家庭的可持续消费模式。[①]

（二）将联合国可持续发展目标导入家政学的四大内涵

　　以家政学的家庭、饮食、居住与服饰四大内涵对应 SDGs，两者间有良好的连接。[②] 四大内涵与 17 项 SDGs 之连接如表 1 所示。

表 1　家政学的内涵与 SDGs 之连接

家政学的内涵	联合国可持续发展目标（SDGs）
家庭	1. 无贫穷 4. 优质教育 5. 性别平等 8. 体面工作和经济增长 9. 产业、创新和基础设施 10. 减少不平等 16. 和平、正义与强大机构 17. 促进目标实现的伙伴关系
饮食[③]	2. 零饥饿 3. 良好健康与福祉 6. 清洁饮水和卫生设施 12. 负责任消费和生产 14. 水下生物

---

① 井元りえ：《报告 3　IFHE・SDGs ポジション・ステートメントを読み解く：ゴール12 持続可能な生産消費形態を確保する》，《家政学原论研究》2021 年第 55 期。

② Donna Pendergast, 2018, SDGs and Home Economics: Global Priorities, Local Solutions, Conference: 1st International Conference on Social, Applied Science and Technology in Home Economics (ICONHOMECS 2017), pp. 234-240.

③ 姜至刚：《从联合国可持续发展目标（SDGs）看食品安全》，《台大医院健康电子报》总第 139 期，https://epaper.ntuh.gov.tw/health/201906/special_ 1_ 1. html. 2019；叶欣诚、于蕙清、邱士健、张心龄、朱晓萱：《可持续发展教育脉络下我国食农教育之架构与核心议题分析》，《环境教育研究》2019 年第 15 卷。

续表

家政学的内涵	联合国可持续发展目标（SDGs）
居住	6. 清洁饮水和卫生设施 7. 经济适用的清洁能源 11. 可持续城市和社区 12. 负责任消费和生产 13. 气候行动 14. 水下生物 15. 陆地生物
服饰①	13. 气候行动 14. 水下生物 15. 陆地生物 17. 促进目标实现的伙伴关系

就 SDGs 而言，包含 17 项核心目标，其中又涵盖了 169 项细项目标、230 项指南，指引全球共同努力迈向可持续。用 17 项目标来对应家政学内涵纯属个人视角，不同的学者在深入分析 169 项细项目标与 230 项指南后，可能会有不同的结果。然而，家政学内涵与 SDGs 均围绕着一个相同的主题——"人类生活质量的提升"，目标一致，殊途同归，这些都值得进一步探讨。

五 大学家政学系配合 SDGs 之推动策略

（一）普通高校与专科

大学家政学系通过教学、研究、国际化等面向，拟定推动 SDGs 的相关策略及措施。

1. 促进对 SDGs 的理解

在必修科目中，学习 SDGs 的必要性和纲要（问题与目标、实施方法

---

① Jean Chang：《2020 年时尚变革者的可持续化挑战》，https：//www. wazaiii. com/articles？id =FashionBrandFashionImpact. 2020。

等），理解和认同高校与专科应发挥的作用。

2. 建立主动管理制度

建立以校长为首的教职工和学生参与的促进组织。为了与企业、当地社区和海外机构合作，还需要与高校与专科内的相关组织建立合作系统。

3. 设定目标和指南

缩小 SDGs 的目标，设定目标值，同时根据部门特点设定 KPI（关键绩效指标），以便及早掌握执行情况。

4. 教育计划的执行

将 SDGs 元素纳入家政学系的文凭政策和课程政策，同时将其纳入相关学科的教学大纲以执行教育计划。①

5. 跟进

在通过学生问卷调查等方式确认参加教育项目的成绩的同时，通过校内网站宣传校内成绩、表彰优秀人才、进行校内外呼吁等，并通过 PDCA 循环。

（二）推动实施实际行动方案

1. 积极推广向下扎根，推动 SDGs 相关课程

在台湾，普通型高级中等学校家政学科中心与新竹市私立曙光女子高级中学合作开办"数字融入 SDGs 地方特色教学教师增能研习工作坊"，为高中教师开展家政学与 SDGs 相关课程提供知能强化培训。未来可整体规划校级 SDGs 相关课程，举办研习会协助国内高中教师提升对此议题的认知，深化学生可持续发展知识，提高素养与推进行动。

2. 结合联合国 SDGs，推动特色研究

以河北省为例，河北省拥有优美的山与海生态地理环境与丰富的族群文化，也存在一些包括产业发展、弱势教育等相关问题，是国内最完备的也是最佳的场域，非常适合进行可持续发展工作。在联合国 SDGs 下，家

---

① 若月温美：《SDGsを推進するための人材育成の提案》，《JAIST Repository 年次学术大会讲演要旨集》2019 年第 34 期。

政学系主动结合相关学科，推动海洋与陆域生态保育、良好健康与福祉、优质教育、产业创新、负责任的消费和生产等特色研究及跨域整合研究。

3. 建立国际联系，扩大影响力

以 SDGs 为连接主题，连接国际组织伙伴，如日本家政学会，增强 SDGs 与家政学的国际影响力。具体包括进行与 SDGs 相关的跨国研究，举办以 SDGs 为主题的研讨会或工作坊，参加大学影响力世界排名，签署与 SDGs 或其他可持续发展相关的国际倡议等，交流营销，扩大家政学在推动国际事务上的影响力。

六　结论与建议

学术是研究学问的方法与水平，包括系统专门的学问。现代学术架构系统性专业分科变得非常细，而跨领域的研究与技术成了学术研究新的发展空间。家政学的内涵随时代的发展而调整改变，从 1922 年"为食衣住的预备和选择"到今天的"以生活质量为目标的家政"。国际上的各级家政学学会目前正积极参与联合国可持续发展工作，目前正值我国家政学重新起步的阶段，若能多参考国外的发展趋势，相信对未来的研究具有相当重要的启示作用。尤其是国内大学家政教育的中断，科班出身的学者并不多，因此应延揽许多不同专业学科的教师投入教学工作。家政学早在成立之初就是跨领域学科，几乎没有人能够完全通晓，通常会以家政家庭管理、家政食品营养、家政儿童教育、家政服装管理、家政花艺设计等子专业加于其后（见图 3），因此，不揣浅陋建议如下。

第一，SDGs 以人类可持续生产与生活为基础，家政学系教师可以试着将自己的"学历专业"结合现在的"工作专业"，从二者的交集中找出适合自己的研究方向，进而与联合国 SDGs 相连接。

第二，家政学系从人才培养方案到课程安排，除了依照应有的规矩安排，建议从现有师资的专长着手规划课程，在不违背或不脱离知识体系模型（body of knowledge model）的前提下，让教师放手去教个人最擅长的最新的课程（见图 2）。

第三，家政学中原本有"家政推广"（Home Economics Extension）的内容，应将学术知识转化成生活知识，推广到农村与城市，借以提升农民与市民的生活质量。经由 SDGs 导入家政学科教育，可以加速 SDGs 的推广与普及。

第四，家政学学者参与 SDGs 工作的推动与执行，可以与其他专业领域的专家学者横向联系，一方面可以找到志同道合的朋友，另一方面可以与国际接轨；可以促进个人学术发展，也可以将自身的学术专业用于服务社会。

（编辑：陈伟娜）

Reflections on the United Nations SDGs and the Future Development of Home Economics in China

ZHANG Chengjin

（Hebei Normal University, Shijiazhuang, Hebei 050024, China）

Abstract: The 2030 Agenda for Sustainable Development formulated by the United Nations General Assembly provides a blueprint for peace and prosperity for people and the planet now and in the future. The United Nations has formulated 17 Sustainable Development Goals（SDGs）covering environmental, economic and social aspects, encouraging all sectors of society to respond to various challenges facing the world. Looking around the world, many countries and societies have made the promotion of SDGs the goal of home economics. my country's home economics is entering a new stage, and all provinces are actively strengthening the construction of home economics education. This article focuses on the four major connotations of home economics: family, diet, living and clothing, corresponding to and connecting with the 17 United Nations Sustainable Development Goals（SDGs）. It is hoped that through the pace of internationalization in the future, home economics will gradually demonstrate its social responsibility and contribution, and create a sustainable future by combining all resources. This paper analyzes the connotation of home economics from the perspectives of international, American, Japanese and Chinese Hong Kong. It also discusses the four connotations of sustainable development goals and the introduction of sustainable development goals into home economics from the perspective of home economics, hoping to find the corresponding points. And the department of home economics of the university should carry out diversified research and development of ideas in response to the SDGs as the future development goal. It is hoped that it can provide a worthy reference path for the future development of home economics in my country's higher education, and provide a reference model for international integration.

Keywords：Sustainable Development Goals (SDGs); Home Economics; Develop

论家政、家教与生活

储朝晖

（中国教育科学研究院，北京 100088）

【摘　　要】家政、家庭教育与家庭生活是三个存在直接关联的范畴，也是三个研究角度。由这三个视角展开，探讨中国家庭教育及家庭的演变与发展方向，便不难发现它们终归都是从教训走向更加充分维护、保障家庭成员权利。剖析家政学发展的主要困境，围绕家政学的理论问题以及实践应用问题进行学术探索，也不能脱离为生活向前向上发展服务，这对解决当前家政学的理论与实践问题，重新审视家政学的内涵，借鉴吸取优秀经验，实现"以人教人"，同时走向集成式研究，推动家政学科的进一步发展，都具有深刻的启示。

【关 键 词】家政；家庭教育；家庭

【作者简介】储朝晖，中国教育科学研究院研究员，中国地方教育史志研究会副会长兼学校史志分会理事长，中国教育学会学术委员，主要从事中国教育改革和发展、大学精神与现代大学制度、教育家与教育社团领域研究。

值河北师范大学建校 120 周年之际，为赓续该校近代家政学百年文脉，推动现代家政学学科建设与专业发展，特选择"家政"、"家教"与"生活"这三个关键词，从《易经·家人》算起，纵向贯通 5000 年前后中国的历史，横向覆盖家政研究的范围，对家政学、家庭教育以及家庭生活进行探究，剖析三者各自的发展变化，探明三者之间的联系，进一步推动家政学的发展与进步。

家或者家政本身，在学术范围内依然是一个学术的话题，不是严格的规范的学科。家在变，家政也在变，看到这种变化的情况再来讨论家政才能跟上形势，才能符合潮流，才能跟上时代进程。在当前现代化的背景之下，家庭的发展更多注重的是个体，是个体的权利、个体的发展，这是整个人类现代化发展的一个基本的逻辑和趋势。家政现代化与教育现代化的潮流都有一个共同的取向，都需要到生活当中去。

一　家庭

（一）家庭的内涵

从古到今"家"的形式千姿百态，其中既包括自然的事物，也包括人文的事物，还有一些个性化的事物，同时包括个体生理、心理的差异，其本身属于不规范的组织结构。家的内涵与特征多样，具有多种功能，还重情感，因此很难对家设定一个规范的基准进行学科式研究。《周易》中的《家人》《渐》等在中国历史上最早涉及家庭问题，包括家庭教育问题的内容。其中《家人卦》对于家庭的认识也具有很大的参考价值。家人指家长，其将家庭划分为两个因素：主卦是离卦，显示光明而有依附，即家长操劳家务依赖全家人配合；客卦为巽卦，指有力而顺从，即家庭成员顺从家长。在一个家庭中，如果家长积极操劳，最后会转换成这个家庭的幸福，而转换成家庭幸福的前提是所有家庭成员也积极地参与配合，要在一定的限度内服从家长。

家庭成员事实上是以某一个个体为主、以其他个体为客形成一个系统，从整体来看，这是一个统一、协调的系统。

（二）家庭的特征

家的形态具有多样性，家的功能也具有多样性，它的情感特征也各不相同。

家本身基于血缘但又不完全基于血缘，它跟信仰等很多方面存在关联。它带有情感，同时又具有功能。家庭所具备的情感功能是最基本的功能之一，如果家庭没有情感，那么就没有立足的根基，没有建立的基础条件。同时，家庭本身所具有的观念、精神，事实上也是家庭本身作为生活的空间和方式的重要支撑。

（三）修齐治平理论

修齐治平出于《礼记·大学》："欲齐其家者，先修其身。"修齐治平即修身、齐家、治国、平天下。其源头是当时楚国的国王问宰相詹何如何把国家治理好，他提出了"身修而后家齐，家齐而后国治"这样一条逻辑假定。后来《礼记·大学》当中把它当成了一个模式，是指提高自身修为，管理好家庭，治理好国家，安抚天下百姓苍生的抱负，泛指伦理哲学和政治理论。其中所包含的"家国一体"思想是贯穿古今处理家庭与国家关系的重要理念。

在君主制的皇权统治下，家国一体论在早期并不被当政者认可，甚至早期的家国一体的理论、意识、观念是当政者最忌讳的。从家庭产生以后，人类社会就逐渐朝两个方向发展，其中一端是家庭，另外一端是政体（即政治体制），二者之间存在相应的过渡。当某一个家庭想把治理家庭的思想框架用于治理国家的时候，就意味着每个家庭都能治理国家，这就对当政者的统治权和统治秩序产生了重大威胁。所以当政者一方称自己是天子，一方面阻止家国一体的观念传播，另一方面将可能对自身权威产生威胁的望族迁徙到偏远地域。

直到科举制度建立以后，当政者借助修齐治平模式和所掌握的取士最终决定权，宣扬忠君，足以驾驭士子，家国一体才不再成为危险的观念。

修齐治平理论与科举制度相互配套，修齐治平理论作为指导，科举制度的建立作为实践操作。家国一体观念中包含着浓重的儒家主观意识，解决在皇权统治之下产生的家国之间的矛盾，就需要通过秩序来安排人与人之间的关系、人与家之间的关系、人与国之间的关系。与此同时，"修身、齐家、治国、平天下"就成为社会治理的重要部分。

二　家庭教育

（一）内涵

家庭教育是处于"家"和"学"中间的一个概念。由于家庭本身是多样性的、不规范的；而学本身是规范的、系统的，仅适用于内在逻辑一致性较高的研究领域，要求要有逻辑、有完整理论，这样一来就产生了一个非常明显的矛盾——家庭教育能不能成为一门学科？学科是人类认识世界的阶段性形态，分科式研究主要适用于对象和内容边界明确、规范的对象，家庭教育则不具有这些特征。

家庭教育本身具有社会治理的功能，家庭教育与学校教育不同，家庭教育也不完全是家庭的事。《家庭教育促进法》就强调要依法进行家庭教育。"家事"逐渐演变成"国是"，家庭教育在国家教育体系中的地位不断升高。

（二）家庭教育内容的变化

《易经·家人卦》中强调"男主外、女主内"的思想，家庭教育的任务理所当然地落在了女性身上。中国古代诸如《女诫》《女论语》等对于妇女的教化与中国近代的妇女解放是两个方向相逆的过程。鲁迅的《狂人日记》、巴金的《家春秋》所宣扬的都是青年人"离家出走"，尽管两者的重点场所集中于家庭，但内容与价值追求已大不相同。80多年前中国的妇女解放运动当中，主要倡导和强调的是脱离教训，关注生活内容，关注衣食住行；也涉及如何更好地"为人母"，如何运用知识理论指导家庭生活合理运行，其中包括理财教育水平、财经素养提高等内容。家庭教育的主题从对女性的教训或者教化转向了如何让生活变得更加健康、经济、可持续，如何变得更加卫生、更加科学。

家庭教育内容逐渐走向生活，是家政学进一步发展的重要推动力量。

（三）发展现状

当前教育发展的趋势在现代教育理论中也是转向生活的。传统教育的主题主要是教化，但现代教育不仅是教化，而且包含了对人的关怀。从柏拉图《理想国》、《大学》中"大学之道，在明明德"的先验为主，到1919 年之后杜威来到中国开始将教育转向经验，经验逐渐成为教育的重要主题。

课程论之父泰勒认为"课程是经验的适当组合"，不是知识的组合。发展水平较高的北欧教育一直贯穿着"学习是为了更好地生活"的理念，这是北欧教育理念、价值取向的高超之处。幼儿园、小学、中学阶段，课程的内容都以儿童生活为依据，孩子们的课程学习不仅为掌握基本的生活常识和知识，也关注怎样学会自己在生活中做事。当前中国教育观念的突出问题是脱离生活，人们生活的需要没有引起足够的重视。

三　家政学

家庭是社会的细胞，家政是对家庭的规范。

（一）学科概况

学科是对人类历史进行研究的历史知识积累的一种方式，这种积累的方式要求不断地按照某一种规范、某一个相同的逻辑，对知识进行体系化的研究。

教育学学科 200 多年前建设于德国，教育学学科建立以后，对这门学科的要求就是不断地规范其学科建设，不规范是不能成为一门学科的。

当前把家政学当成一门学科发展，希望它成为一门独立学科，还希望它能够成为其他学科的一顶"帽子"，但这种希望是不切实际的。过去100多年教育学就走了这样不切实际的路。德国先建立教育学，在大学设立教育学讲席，教育学建立以后经过一段对建成学科期望的高升时间，这种期望达到某一个顶点后，人们却发现教育学越来越不能成为一个学科，这是因为教育的复杂性远远超过一个学科可以解释的范围。

（二）家政与妇女运动

家政的内容，在从国外引入中国的时候与儒家理论结合在一起，它在很大程度上是一个管控的理论，1915年之前的家政学发展过程与中国社会中的宗法制度有一定程度的结合，1915年新文化运动以后才发生变化。

1915年到1937年，随着当时很多知识女性解放运动的兴起，知识女性创办女学，创办报纸期刊，倡导女性的独立和平等。1990年前后笔者在对1911~1949年报刊的翻阅过程中发现，女性办的报刊主要宣扬女性的平等和解放。很多知识女性的一些言论、行动实际上实现了家政生活化，走向了离开教训、奔向生活这条路径，贴合了家政本身要走向生活的主题。

（三）发展现状

当今试图建立一门包罗百科还有众多分支的家政学是不现实的。生活的需求是真正能够推动家政学发展的，生活不断向前向上发展的需求才是家政发展的第一个动力。

当下家政学遇到的难题是逐渐走向孤立，走向分离，这是完全错误的方向。学科本身建立以后，学科之间的意识等就会形成壁垒，形成边界，相互隔离，学科之间孤立、隔离的问题限制了它的发展。

四 对策建议

（一）重新审视家政学的内涵

一门学科的发展程度取决于社会对这门学科的需要程度。

家政学不仅要思考政府该怎么想，还需要同时关注三个层面的主体。首先，是否有利于个体生活质量提升，个体是不是有更好的发展；其次，是不是有利于促进家庭的幸福，这个问题现在非常突出，很多人不想组建家庭，甚至很多人组建家庭以后面临着婚姻关系破裂，离婚率直线上升；最后，是否有利于促进社会整体和谐发展与进步。三者之间相互关联且存在于共同的过程当中，生活与教育是相等的范畴。但是三者之间的次序不随着时代发展发生变化，当前时代背景下家政学首先关注的应该是个体生活质量是否提升、个体生活是否幸福，个体生活质量不断提高会对家政服务产生巨大的需求。

（二）参考国内外家政教育，取长补短

发达国家的家政学发展包括一个阶梯的程序，是一个序列，而不是一个单一的发展过程。这个序列服务的对象包括个人、家庭、企业和社会。例如，中国台湾地区在 1949 年以后，一开始完全承接中国传统文化，所以在 1950 年家政学刚刚兴起时，内容主要局限于怎样做贤妻良母，限于教训、教化。但 1960 年以后台湾家政学改变了学科的定位，它的内容、目标等各方面更多聚焦现实生活。正是由于这样的转变，后来台湾家政学发展迈上了一个台阶，走向了一个新的发展阶段，这足以给当前中国大陆家政学发展提供有价值的参考。

（三）以人教人

陶行知提出"生活即教育"，就是指生活是教育的中心和目的，教育

必须与生活相联系；只有积极向上的生活，才能教人积极向上。通过生活的方式去开展教育，同时不同的家庭成员之间相互教育。

不同家庭成员之间是一个共建共治共享的过程，每一个家庭成员在承担个人责任的同时，也享受与履行着个人的权利与义务，最终实现家庭幸福、家庭生活品质提升，达到好的家庭教育效果。

教育与生活有共同的过程或者共同的范围，都是在生活当中，所以家庭是生活中形成以人教人，主要是一种养成教育，很难作假。因此，无论是家庭教育，还是家政教育，都要遵循人与人之间的熏陶，作为家庭教育主体的父母长辈要做到言传身教，注意自身的言行一致。

（四）走向集成式研究

将"家""教育"看作复杂巨系统的研究，它们更适合使用集成的方式。复杂巨系统系钱学森系统分类中的一类，其特点是系统不仅规模巨大，属巨系统范畴，而且元素或子系统种类繁多，本质各异，相互关系复杂多变，存在多重宏、微观层次，不同层次之间关联复杂，作用机制不清，因而不可能通过简单的统计综合方法从微观描述推断其宏观行为。集成不是不同学科之间相互交叉、融合和渗透，而是将各门学科知识解码为可灵活选择、组织和使用的信息元素，选择其中与所研究的问题相同的自然、人文、技术等不同类学科的知识元素，以解决问题为导向进行全新高密度的精细组合进而形成结构功能超强的认知单元，更为深刻地认识问题和有效地解决问题，以实现研究者所设定的目标。以集成方式解决问题的效果与仅仅用单一学科解决问题的效果完全不同。很多教育问题是不可能用单一学科的问题解决方式解释清楚和有效解决的，只能用集成的方式。

家庭教育不能孤立进行，需要推动家校社协同育人，当前许多人认为协同就是统一命令、统一指挥、统一课程，这是一种不清晰的认知。协同是各个主体已经分化，如同家庭、学校、社会分化为三个各具自主性的主体，有各自的权利和责任，在边界明晰以后，再共做一件事，协同与一体化不一样。

正如哈肯的协同论指出的，协同本身包括多个主体在一起做一件事的时候，它的社会收益远远大于单一主体或者简单的三者相加。

（本文根据首届全国家政学学科建设与专业发展高峰论坛报告整理。）

（编辑：陈伟娜）

On Homc Economics, Family Education and Life

CHU Zhaohui

（National Institute of Education Sciences, Beijing 100088, China）

Abstract: Home economics, family education and family life are categories directly related. Exploring the evolution and the moving direction of home education and family in China from these three perspectives, it is not difficult to find that they all move from indoctrination or moral education to a family life that safeguards and protects better the rights of family members. Therefore, the academic studies on home economics, whether theoretical or practical, analyzing the predicaments in its development, are inseparable from serving life for it to move forward and upward. This has profound implications for solving the current theoretical and practical problems of home economics, re-examining the connotation of home economics, drawing lessons from experience, "cultivating people by personal example," moving towards aggravative research and promoting the further development of home economics.

Keywords: Home Economics; Family Education; Familyment

"双减"背景下的生活·实践·家政教育

申国昌　杨丽莎

（华中师范大学教育学院，湖北武汉 430079）

【摘　　要】"双减"政策在我国义务教育阶段学生长时间学业负担过重的背景下提出，以减轻学生学业负担、规范校外培训、提升教育质量为目标。"生活·实践教育"批判地继承了马克思主义的实践唯物主义与人的全面发展学说，陶行知的生活教育思想以及习近平总书记关于实践育人的论述，是源于生活实践、通过生活实践、为了生活实践的教育。家政教育是实施"生活·实践教育"的重要途径，兴起于美国，在我国的发展经历了萌芽、发展、停滞、再发展四个阶段，主要包括家政职业教育、家政专业教育以及家政素质教育。新时代背景下发展家政教育，必须关注宏观决策、加强学科建设、培养专业师资、开设家政课程、重视家政研究、注重学科交叉，在借鉴国际经验的基础上探索本土化的发展路径。

【关 键 词】双减；生活·实践教育；家政教育

【作者简介】申国昌，华中师范大学教育学院教授、博士生导师，华中师范大学国家教育治理研究院执行院长，主要从事教育史与教育政策研究。杨丽莎，华中师范大学教育学院硕士研究生，主要从事教师教育研究。

2021 年 7 月 24 日，中共中央办公厅与国务院办公厅印发了《关于进一步减轻义务教育阶段学生作业负担和校外培训负担的意见》，明确指出要从校内与校外两方面减轻义务教育阶段学生的负担，强调减少作业总量与时长、提升学校课后服务水平、规范校外培训、提升学校教育质量、完善支撑保障。① 在传统的应试教育机制下，学生面临着巨大的学业负担，侧重于学科知识学习，缺乏生活常识与实践能力，与我国"培养德、智、体、美、劳全面发展的社会主义建设者"的教育目标相背离。

"双减"政策倡导减轻义务教育阶段的学生校内外学业负担，这一主张与"生活·实践教育"认为学生要回归生活的诉求不谋而合。"生活·实践教育"的推行有利于"双减"政策的顺利落地，使得学生有时间、有精力关注生活，参与生活实践，成长为具备生活能力与实践能力的"社会主义接班人"。家政服务实践是"生活·实践教育"重要的组成部分，是"生活·实践教育"的题中之义。本文分析了"双减"政策的提出背景，在此基础上澄清了"生活·实践教育"的思想渊源与基本内涵，梳理了家政教育的发展脉络与基本类型，提出了现阶段家政教育的推进策略，对于提高基础教育阶段的教育质量、促进学生全面发展具有重要的意义。

一 "双减" 政策的提出背景及实施目标

义务教育阶段的学生学业负担过重严重阻碍了学生的身心和谐全面发展，成为制约我国基础教育质量提升的重要因素。"双减"政策从校内、校外两方面提出了为义务教育阶段学生"减负"的具体措施，凭借极高的站位与空前的整顿力度受到了社会各界的广泛关注。

（一）"双减"政策的提出背景

"双减"政策的提出既是对我国历史上学生学业负担过重这一问题反

---

① 《关于进一步减轻义务教育阶段学生作业负担和校外培训负担的意见》，http://www.gov.cn/zhengce/2021-07-24/content_ 5627132. htm。

复上演、屡禁不止的再回答，也是对当前我国义务教育阶段学生学习负担过重的社会现实问题的政策回应。

首先，学生学业负担过重是漫长而沉重的历史问题，已经成为阻碍义务教育阶段教育质量提升与学生全面发展的关键因素。新中国成立至今，为了解决学生学业负担过重的问题，我国共出台了50余项政策，先后经历了关注学生的心理健康、解决片面注重升学率的问题、注重素质教育、侧重标本兼治等多个阶段。[1] 但是，之前的政策只着眼于当下的问题，缺乏长远性与系统性，未能取得预期的效果。学生的学业负担就像是"教育病毒"，与健康的教育工作同步发展，其生命力之顽强导致一般的减负政策难以发挥作用，出现了减负工作持续强化但学生学业负担越治越重的现象。[2]

其次，学生巨大的作业负担与校外培训负担是"双减"政策提出的现实背景。一方面，学生的课内学习任务繁重。受到应试教育的影响，教师与家长往往利用题海战术提升学生成绩，学生在课后需要完成来自教师、家长和校外培训机构的多项作业，作业数量之多、难度之大，已经超出其身心承受范围。另一方面，学生面临着极大的校外培训负担。公众对"素质教育""全面发展"等概念的误解助推了校外培训机构的蓬勃发展，营利性质的校外培训机构往往会以"超前教育"为噱头，在违反学生身心发展规律的基础上为其提供高强度、高难度、高频率的课程，给学生带来极大的学业负担。有学者从课外时间的分配上对初中生的学业负担开展了调查，发现大部分初中生课外的学习时间与自由支配时间严重失调，仅有1%的初中生保证了充足的睡眠与锻炼时间，90%的学生无法达到国家规定的睡眠时长。[3] 高强度的作业训练与校外培训侵占了学生的休息时间，对

① 殷玉新、郝健健：《新中国成立70年来我国学业负担政策的演进历程与未来展望》，《首都师范大学学报》（社会科学版）2019年第6期。
② 龙宝新：《中小学学业负担的增生机理与根治之道——兼论"双减"政策的限度与增能》，《南京社会科学》2021年第10期。
③ 王绯烨、刘方：《从课外时间分配看学生学业负担——我国初中学生学业负担的实证研究》，《教育发展研究》2018年第10期。

学生的身心健康产生了不良影响，近视、驼背、抑郁、焦躁等问题愈演愈烈。

（二）"双减"政策实施的目标策略

在根治目前我国中小学生学业负担过重问题这一目标的指引下，"双减"政策按照源头、系统、综合、依法治理等原则颁布具体措施，旨在提升校内教育质量，规范校外培训行为，营造良好的教育生态。

在总体目标上，"双减"政策旨在提高校内教育质量与规范校外培训行为，使学生"减负"取得实效。首先，学校教育要更多回归教育本身，使学校教育呈现良好生态，关注学生个性发展与全面发展，实现作业布置科学化、课后服务多样化，改善课堂教学质量，全面提升校内教育质量。其次，从机构审批、教学内容、常态运营等方面规范校外培训，整顿当前各类教育机构的超前教育、高难度教育等乱象。从校内、校外两方面着手"净化"当前的中小学教育环境，解决基础教育存在的短视化与功利化问题，保障公立学校在基础教育中的主体地位，缓解家长在教育子女上的精神压力与经济负担，以家校联手的方式推动学生的全面健康发展。

在治理原则上，"双减"政策坚持源头治理、系统治理、综合治理、依法治理相结合。一是源头治理，要从校内教育无法满足学生受教育需求，校外培训机构收费高昂、品类繁多、难度过大，家长教育子女精神压力大，应试教育机制下难题、偏题多等导致学生学业负担过重等问题着手，解决当前中小学生面临的学业负担过重的问题；二是系统治理，从校内教育、校外培训、招生政策、质量评价多方面进行改革，将"教育回归自然生态"的理念贯穿教育的方方面面，推动政策顺利落地；三是综合治理，要充分发挥政府、家庭、社会媒体在推行"双减"政策过程中的作用，构建政策落地的保障体系，发挥多主体育人的合力；四是依法治理，政策的实施过程必须严格遵照《未成年人保护法》《义务教育法》的规定，保障各主体的合法权益，在法律规定的范围内发挥作用。

在具体策略上，"双减"政策着眼于减轻学生与家长的综合负担。首先，要求科学设计作业，从减少作业数量、提升作业质量、增加作业指导等方面为学生的作业负担"瘦身"，将课余时间还给学生。其次，要求严格管理校外培训，规范资格认证、培训内容与形式，解脱学生于高难度、高速度、高强度、高频率的课外补习"牢笼"，让学生拥有自由发展的空间。再次，要求专注提升课后服务的质量，丰富课后服务的渠道，尽可能满足不同学生的个性化发展需求，减轻家长在教育子女时的时间压力、经济压力与心理焦虑。最后，完善保障体系，构建"家校"协同育人的机制，加大对基础教育阶段的经费投入力度，明确教师在课后服务中的职责边界、薪资结构与评价机制，以确保"双减"政策的顺利落地。

二 "生活·实践教育" 的思想渊源与内涵

"生活·实践教育"是对历史进行批判的继承与创新的产物，它立足于中国具体国情，顺应了时代发展与教育变革的需要，兼具时代性与历史性。该理念聚焦生活、实践与教育三者之间关系的探讨，为"双减"背景下促进学生全面发展、提升教育质量开辟了可行路径。

（一）"生活·实践教育" 的思想渊源

"生活·实践教育"批判地继承了马克思的实践唯物主义与人的全面发展学说，发展了陶行知的生活教育思想，并与习近平总书记的实践育人论述相契合。它面向我国教育实际，有助于解决我国教育与生活脱轨、与实践脱离的问题，有助于提升育人水平。

马克思的实践唯物主义与人的全面发展学说是"生活·实践教育"重要的思想基础。首先是实践唯物主义的思想。马克思在《关于费尔巴哈的提纲》中对以前的唯物主义进行了批判，认为其存在"没有把对象、现实、感性当作实践去理解"[①] 的缺点，同时也指出"关于离开实践的思维

---

① 中共中央马克思恩格斯列宁斯大林著作编译局：《马克思恩格斯选集》（第 1 卷），人民出版社，1995，第 54 页。

的现实性与非现实性的争论是一个纯粹的经院哲学的问题"①。马克思认为，人具有社会性与实践性，是自己劳动实践的产物，同时"全部社会生活在本质上是实践的，凡是把理论引向神秘主义的神秘东西，都能在人的实践中以及对这个实践的理解中得到合理的解决"②。实践在马克思主义的认识论中占据重要的地位，在实践与认识的辩证关系中，马克思主义认为实践是认识的基础与来源，是认识发展的重要动力，更是检验认识真理性的唯一标准。因此，马克思高度强调人的主体性、实践性与创造性，主张从人的主体性和实践性来观察与解释一切。其次是人的全面发展学说。马克思认为强调人的全面发展具有历史必然性。人类发展与社会发展是一致的，大工业机器生产必将导致人由"片面发展"到"全面发展"的转变。在共产主义社会，"每个人的自由发展是一切人自由发展的条件"③。这里的"人的自由发展"指的是人身体与心理、个体性和社会性得到普遍充分而自由的发展，是德、智、体、美、劳各方面都能得到发展，而这一发展只能通过教育与生产相结合的方式实现。"生活·实践教育"正是在促进学生的全面发展这一理念的指引下提出的，只有通过"生活·实践教育"这一路径，人才能得到自由全面的发展。

　　陶行知的生活教育思想是"生活·实践教育"的主要思想来源。20 世纪 20 年代的中国国力衰微，内忧与外患的双重压迫严重制约着社会的发展。陶行知认识到传统教育脱离了人民大众与生产劳动的危害，对杜威的实用主义教育理论进行了中国本土化的改造和发展，在继承"教育与生活紧密结合"这一原则的基础上将杜威的"教育即生活""学校即社会""翻了半个筋斗"，提出了"生活即教育""社会即学校""教学做合一"的生活教育思想。"生活即教育"即生活具有教育的意义，"教育的根本意

① 中共中央马克思恩格斯列宁斯大林著作编译局：《马克思恩格斯选集》（第 1 卷），人民出版社，1995，第 55 页。
② 中共中央马克思恩格斯列宁斯大林著作编译局：《马克思恩格斯选集》（第 1 卷），人民出版社，1995，第 56 页。
③ 中共中央马克思恩格斯列宁斯大林著作编译局：《马克思恩格斯选集》（第 1 卷），人民出版社，1995，第 422 页。

义是生活之变化。生活无时不变即生活无时不含有教育的意义"①。因此，教育要以生活为中心，生活决定教育，教育又能改造生活。"社会即学校"即"社会具有学校的意味"②，是陶行知站在中国具体国情的角度对杜威思想进行的创新，要"把整个的社会或整个的乡村当作学校"③，让学生在社会这个"大学校"中学习。同时，"学校含有社会的意味"④，要与社会生活紧密联系，使二者之间相互促进。"教学做合一"是陶行知生活教育思想的方法论，他认为"教的方法根据学的方法，学的方法根据做的方法"，"教与学都以做为中心"。⑤由此可见，陶行知对于将教育与生活和社会实践相结合的重视。在生活教育思想的指引下，陶行知先生先后创办了晓庄试验乡村师范学校、山海工学团、育才学校和重庆社会大学，在生活教育的实践中促进了我国平民教育、乡村教育、科学教育、民主教育、救国教育、大众教育的发展。周洪宇教授提出的"生活·实践教育"将陶行知先生生活教育的"三大原理"（生活即教育、社会即学校、教学做合一）发展为"六大原理"（生活即学习、生命即成长、生存即共进、世界即课堂、实践即教学、创造即未来），将陶行知先生提倡的"三力"（生活力、自动力、创造力）拓展为"六力"（生活力、实践力、学习力、自主力、合作力、创新力），是对陶行知生活教育思想进行的现代化创新。

习近平总书记关于实践育人的论述是"生活·实践教育"发展方向的指引。习近平总书记高度重视实践育人的工作，在各项谈话与会议中对实践育人的必要性以及实施路径做出了系统的论述，极大地促进了我国教育

---

① 华中师范学院教育科学研究所主编《陶行知全集》（第2卷），湖南教育出版社，1985，第633页。

② 华中师范学院教育科学研究所主编《陶行知全集》（第2卷），湖南教育出版社，1985，第617页。

③ 华中师范学院教育科学研究所主编《陶行知全集》（第2卷），湖南教育出版社，1985，第211页。

④ 华中师范学院教育科学研究所主编《陶行知全集》（第2卷），湖南教育出版社，1985，第617页。

⑤ 华中师范学院教育科学研究所主编《陶行知全集》（第2卷），湖南教育出版社，1985，第289页。

事业的进展。习近平总书记认为实践在青年发展过程中极为重要，"学习是成长进步的阶梯，实践是提高本领的途径"①，"要扎根中国大地办教育，同生产劳动和社会实践相结合"②。他对青年学生抱有极高的期望，鼓励共青团的青年同志们"培养担当实干的工作作风，不尚虚谈、多务实功，勇于到艰苦环境和基层一线去担苦、担难、担重、担险，老老实实做人，踏踏实实干事"③，"只有到基层中去，到实践中去，到人民中去，才能真正知道所学知识如何去发挥"④，"广大青年要牢记'空谈误国、实干兴邦'，立足本职、埋头苦干，从自身做起，从点滴做起，用勤劳的双手、一流的业绩成就属于自己的人生精彩"⑤。习近平总书记的实践育人理念将实践与教育事业、青年成才、中国特色社会主义建设相结合，对新时代背景下建设社会主义现代化强国具有重要的意义。"生活·实践教育"就是在习近平总书记实践育人理念的指引下提出的，旨在通过加强教育与生活、实践之间的联系培养具备实践力的社会主义建设者与接班人，实现中华民族的伟大复兴。

（二）"生活·实践教育"的基本内涵

"生活·实践教育"是源于生活实践、通过生活实践、为了生活实践的教育，是以生活为内容与中心、以实践为方式与路径的教育。⑥

首先，"生活·实践教育"是源于生活实践的教育，生活是教育的内容，更是教育的中心。教育要联系生活，尤其是要与学生的生活、当下的生活紧密联系，这既是教育发展的必然规律，也是新时代背景下培养"全

① 习近平：《在同各界优秀青年代表座谈时的讲话》，《中国民族教育》2013 年第 6 期。
② 新华社：《习近平主持召开学校思想政治理论课教师座谈会》，http://www.gov.cn/xinwen/2019~03/18/content_ 5374831. htm。
③ 习近平：《在庆祝中国共产主义青年团成立 100 周年大会上的讲话》，《人民日报》2022 年 5 月 11 日。
④ 《习近平与大学生朋友们》编写组：《习近平与大学生朋友们》，中国青年出版社，2020，第 97 页。
⑤ 习近平：《在同各界优秀青年代表座谈时的讲话》，《中国民族教育》2013 年第 6 期。
⑥ 周洪宇：《"生活·实践"教育：创新性发展"生活教育学"》，《中国教师报》2021 年 12 月 1 日。

面发展的社会主义建设者与接班人"的必然诉求。在以往的应试教育机制下，学生们"两耳不闻窗外事，一心只读圣贤书"的现象普遍，嘴里读着"锄禾日当午，汗滴禾下土"的诗句却不识五谷作物，学习与生活严重脱轨。生活性是"生活·实践教育"的首要特质，"生活即学习"亦是其重要的原理之一。"生活·实践教育"认为生活本身具有教育的意义，它决定了教育的目的、内容、方法、课程等诸多方面，要从学生的日常生活中提取教育要素，抓住学生生活中的教育机遇，增强教育与生活、学生与实践之间的联系。

其次，"生活·实践教育"是通过生活实践的教育，实践为这一理念的实施路径。"生活·实践教育"对传统教育中过于依赖书本知识、学科体系等间接经验传授的倾向进行了批判，强调要重视学生直接经验的获得。第一，教育要通过生活，生活是教育的根基。只有在生活中接受教育，学生才能从自身的已有经验中获得成长，以高度的积极性参与学习，实现个体才能的全面发展。第二，教育要通过实践，即引导学生参与真实的劳动实践，在实践的情境中参与生活、学会生活、体悟生活，在实践的具体任务中发现并解决问题，在实践探究中提升个人能力，达成个体全面发展的目的。

最后，"生活·实践教育"是为了生活实践的教育，落脚点在于培养会生活、能实践的学生。在具体的素质与能力上，"生活·实践教育"强调培养学生的生活力、实践力、学习力、自主力、合作力与创新力，将其培养为具有健全的人格、科学的思维、健康的身心、艺术的爱好、手脑并用的能力、合作的意识与负责的精神的时代新人。这些目标的表述最终指向了学生实践能力的提升，重点就在于让学生学会成人、学会做事，以更加崇高的理想信念、高尚的道德品质、充足的文化知识以及高度的纪律自觉性应对生活，掌握求知、做事、生活与生存的本领。

三　家政教育是"生活·实践教育"的题中之义

"双减"政策的提出为学生走出书山题海参与各类实践活动提供了政

策支持，学生参与的实践活动主要可以分为三类，分别是学校实践活动、社会实践活动以及家政服务实践。其中学校实践活动包括演示实践活动、技术操作活动、体育运动活动、校园劳动实践、审美艺术活动等；社会实践活动包括社会调查活动、公益劳动活动、公共卫生活动、环保宣传活动、法制教育活动等；家政服务实践包括洗衣缝衣、炒菜做饭、清洁卫生、医药保健、服装设计、室内装饰、家庭预算、保育护理等。家政服务实践是学生"生活·实践"的重要组成部分，也是与学生日常生活联系最紧密、难度最低、预算最少、最易普及的一项内容。"双减"背景下，肯定家政教育在推行"生活·实践教育"中的作用，关注家政教育以推动家政服务实践的丰富化、科学化对学生的全面发展有深远的意义，是"生活·实践教育"的题中之义。

（一）家政教育的发展简史

家政教育兴起于西方并在世界范围内得到发展和普及，它强调在家庭日常活动中培养学生的生活技能，提升学生综合素养，促进学生全面发展。美国经济社会背景与进步主义教育思潮为家政教育的产生与发展提供了土壤，1899 年，在美国普莱西德湖俱乐部召开了第一次家政学术会议，并于 1909 年成立了家政学协会，标志着家政学开始成为一个独立的学科。在协会的带领下，众多大学开始设立家政系，家政教育快速发展。至今，美国有 1/3 的学校设有家政专业，越来越多的学生选择学习家政教育课程，家政教育发展态势良好。日本的家政教育始于明治维新前后，初时主要为了培养女性，封建色彩浓厚。1989 年《学习指导纲领》将家政教育列为中小学的必修课程[①]，家政教育成为基础教育中的重要内容。经过半个多世纪的发展，如今，日本的家政教育在师资、研究、课程等方面都取得了较大成就，形成了世界公认的家政教育模式。

我国的家政教育始于 1904 年，经历了萌芽、发展、停滞、再发展等多

[①] 阿力贡：《我国家政教育的发展及其价值》，《陕西师范大学学报》（哲学社会科学版）2019 年第 S1 期。

个阶段。清政府颁布的《奏定学堂章程》最早对家政教育的课程进行了规定：女子学校中开设家事、缝纫、手工、园艺等课程，是我国家政教育的萌芽。之后，家政教育多次出现于中小学的课程标准之中，成为法定的课程内容。1906 年北洋女子师范学堂将家政作为必修课。1917 年直隶女子师范学校增设家事专修科，家政教育进入了高等教育。1919 年，北京女子高等师范学校成立了家政系，掀开了大学成立家政系的序幕。之后，不少大学也相继开设家政专业，成立家政系，家政教育快速发展，主要培养女性作为家庭主妇的素养与能力。1952 年后，受高等学校院系与学科调整的影响，家政学这一学科被撤并，家政教育的发展陷入停滞，直到 80 年代由于经济的快速发展与社会变革，家政教育才重新进入大众的视野，获得再次发展的机遇。1988 年，浙江省最早在基础教育阶段开展家政教育，家政教育以家政课的形式被包含在劳动教育和综合实践活动课程之中。同年，我国第一所家政学校（武汉现代家政专修学院）成立，并于 90 年代升格为武汉现代家政学院；接着天津师范大学国际女子学院和吉林农业大学也设立了家政专业。我国有 30 多所高等职业学院和 20 多所中职学校增设家政课程。1997 年浙江衢州师范大学第二附属小学、2002 年重庆永川上游小学、2006 年广西南宁琅东小学等相继开设家政课程。北京师范大学打响了新中国成立以来高校设立家政学系的"第一枪"，于 2003 年 9 月开始招生。2019 年河北师范大学家政学本科专业开始招生，并于 2020 年成立了家政学院。

2019 年 6 月，教育部指出要促进家政服务业提质扩容，规定每省至少有 1 所本科高校和若干所职业院校开设家政服务相关专业，[①] 以政策保障的形式推动家政教育的普及，将家政教育与社会需求相联系。在国家政策的支持下，我国的家政教育面临着绝佳的发展机遇与广阔的发展前景。

（二）家政教育的基本类型

家政教育是指在家政学理论的指导下，以家庭生活知识为切入点，以

---

① 《国务院办公厅关于促进家政服务业提质扩容的意见》，http：//www.gov.cn/xinwen/2019～06/26/content_ 5403472. htm。

提高家庭生活质量，促进人类的健康、幸福和社会的协调发展为目的，对受教育者进行家政学相关领域内容的养成教育活动。①　主要包括家政职业教育、家政专业教育以及家政素质教育。

首先是家政职业教育，其教育主体为职业院校，主要开设家政学、家政政策与法规、家政经济学、家庭教育学、公司运营学、健康管理学、家庭营养学、家庭护理学、老年学、婴幼儿保育、家庭卫生学等课程，要求学生掌握家政学基本理论和管理方法，具备家庭教育、理财、护理、保健、配餐等知识与技能，拥有人文素养、创新精神、家国情怀和实践能力，能够从事家政教育培训、家政机构运营管理等工作，进而推进我国家政行业的健康发展，提升家政管理与服务水平。

其次是家政专业教育，主要开设家政学原理、家政管理学、家政政策学、家政经济学、家政教育学、家政教育史、食品营养学、健康管理学、家政护理学、学前教育学、家庭与家政礼仪、老年保健学、家庭卫生学、休闲旅游学、家政学研究方法等课程，涉及家庭管理、家庭理财、家庭教育、家庭艺术、家庭劳作等理论知识和实践技能，集自然科学、人文科学、社会科学于一体。旨在培养掌握系统家政学理论知识和研究方法，具备家庭教育、理财、护理、保健等知识的专门人才，为促进我国家政教育健康发展，推进我国家政教育人才培养、科学研究、社会服务与文化传承做出应有的贡献。

最后是家政素质教育，主要指的是各级学校开设的家政素质教育课，囊括了家政理念教育、家政知识教育以及生活技能教育，旨在传授家庭生活知识与技能，帮助受教育者增长家政素养知识，提高家庭生活质量，提升其文化艺术修养和道德情操。家政理念教育主要包括处世哲学、交友方式、家风家教、婚姻恋爱、家庭礼仪等内容，旨在帮助学生树立科学的家政理念；家政知识教育主要包括健康保健、食品营养、家庭艺术、居室美化、幼儿保育、老年护理、休闲旅游、家庭理财等内容，旨在让学生掌握

---

① 吴莹、许丹、曲桂宇：《中小学家政教育课实施的可行性策略探究》，《现代中小学教育》2015 年第 5 期。

充足且正确的家政知识；生活技能教育主要包括烹饪、缝纫、清洁、护理、服饰、理发、工艺、插花、茶道、驾驶、消防、救助等内容，旨在让学生掌握一定的生活技能与实践能力。

（三）家政教育的推进策略

在新时代背景下开展家政教育、推进家政教育乃至家政服务业的发展既能满足我国人民日益增长的物质文化需要，也符合教育发展规律，有利于提升人们的生活水平，具备深刻的社会意义与时代价值。需要从政策支持、学科建设、师资队伍建设、课程体系、专业研究与学科融合等多个角度探索家政教育的推进策略。

1. 推进宏观政策，搞好顶层设计

宏观政策在家政教育的发展过程中发挥着重要作用，能够为家政教育的发展提供制度保障。美国的家政教育历史最为悠久，所取得的成就也非常显著，这与联邦和州政府高度重视家政教育密切相关。正是在立法、经费、行政管理多方支持下，美国的家政教育才得以不断发展，成为世界楷模。因此，推动家政教育的发展必须重视宏观政策，将家政教育尤其是家政素质教育上升到国家教育战略层面。同时借鉴发达国家的成功经验，集思广益、健全立法、增加拨款，为家政教育的发展提供智力支持、法律保障、经费支持，做好家政教育相关政策顶层设计。

2. 加强学科建设，增强适应能力

加强学科建设是促进家政教育发展的内在要求。家政教育是一个历史悠久且不断更新的学科，尽管世界各国有成功经验，我国也有百余年发展历史，但学科建设任务仍然任重而道远。一方面，要加强学科建设，构建并完善从基础教育到高等教育的层次化家政教育课程体系，科学设计好二级学科，出版统编教材；另一方面，要成立中国教育学会家政教育分会，创办《家政教育研究》期刊，积极开展家政教育的相关研究，充实家政教育研究的智库。这样做可以使我国的家政教育既与国际接轨，又有中国特色，增强科学性，体现时代性，能够更好地适应社会变化与时代发展，满足教育事业发展的需求，自如应对现实社会中的挑战。

3. 培养专业师资，加强队伍建设

师资队伍建设是促进家政教育繁荣的关键。高素质的家政教师拥有丰富的知识储备与生活实践经验，能够灵活安排教学内容、选择教学方法，帮助学生将所学知识与技能运用至解决实际问题的过程之中。师资质量直接影响家政教育施行的效果，高素质的师资队伍是推动家政教育发展的关键力量和必备条件。我国的家政教育停滞将近 30 年，师资存在缺口，且目前更加注重基础教育阶段的师资队伍建设，对家政教育师资培育与综合素质提升的关注度不够，家政教育发展缺乏高素质的师资队伍支持。因此，推进我国家政教育的发展必须加强家政师范教育，在一批师范大学、职业师范大学或应用技术大学增设家政师范教育专业，有条件地成立家政学院或家政教育学院，真正培养一支素质较高、业务精湛且有志于从事家政教育工作的专业师资队伍。

4. 纳入素质教育，开设家政课程

家政素质教育是家政教育的重要内容，是家政职业教育与家政专业教育的着力点与落脚点。推行家政素质教育是家政教育落到实处、取得实效的重要保障。因此，要加大对家政素质教育的宣传力度，提升各层级学校、教师、家长、社会机构加强家政素质教育的积极性。一方面，要将家政教育纳入基础教育课程体系之中，将家政教育与素质教育、劳动教育、家庭教育有效融合。在学科教学中融入家政知识的传授，借助劳动提升学生生活技能与实践能力，依托家庭为家政教育提供个性化、常态化的实践平台。另一方面，要学习西方家政教育的优秀经验，在基础教育阶段开设专门的家政课，在幼儿园、小学、中学开设家政教育必修课或选修课，既让学生在课程中系统习得家政知识、锻炼动手操作能力、提升实践能力，又充分照顾每个学生的个性与兴趣。

5. 重视家政研究，提升专业品位

家政教育既要脚踏实地，又要仰望星空；不仅要立地，也要顶天。不能将家政教育仅限于家政职业教育的天地之中，也要注重加强家政素

质教育、家政专业教育和师范教育。也就是说，家政教育的发展不能仅以满足现实家政服务业的发展需求为目标，而且要在关注实践问题解决的基础上注重理论知识的提炼与升华，在加强家政教育与现实世界联系的同时丰富自身内涵底蕴，形成内生发展动力。我国的家政教育仍然处于摸索前进的阶段，不仅缺乏实践经验，也较为欠缺理论探索。因此，必须加强家政教育科学研究，多出精品力作，既探索本土化的家政教育实践路径，又关注家政教育的内涵及外延，整体提升家政教育的学科地位与专业品位。

6. 注重学科交叉，协同融合创新

家政教育不是一门孤立的学科，它与教育系统的各部分、各环节、各主体都处于紧密的联系之中，因此，家政教育的发展也应该与教育系统中的其他部分结合起来，将家政教育与职业教育、家庭教育、素质教育、劳动教育有效融合。将家政教育与职业教育相融合，既为家政教育指明方向，提供着力点，又能够提升职业教育所培养人才的综合素质；将家政教育与家庭教育相融合，为家政教育提供了稳定的常态化的实践平台，既有利于普及家政教育，也有利于锻炼家庭成员的生活实践能力，提升生活幸福感；将家政教育与素质教育相结合，既是实施家政教育最高效的途径，也是充实素质教育内容与方式、推动学生全面发展的重要举措；将家政教育与劳动教育相结合，既为家政教育谋求了政策支持，又丰富了劳动教育的内涵与途径。学科交叉是融合双方、互利共赢的路径，因此，要发挥家庭、学校、社会在促进家政教育发展中的合力，积极探索家政教育在学科交叉融合中的发展路径，推进学科健康发展和人的全面发展。

（编辑：王亚坤）

Life-Practice and Home Economics Education Under the Background of "Easing the Burden of Excessive Homework and Off-campus Tutoring for Students Undergoing Compulsory Education"

SHEN Guochang, *YANG Lisha*

(School of Education, Central China Normal University,
Wuhan, Hubei 430079, China)

Abstract: The policy of "Easing the Burden of Excessive Homework and Off-campus Tutoring for Students Undergoing Compulsory Education" was proposed under the background of the long-lasting students' heavy academic burden in compulsory education in China. It aims to reduce students' academic burden, standardize off-campus training and improve the quality of education. "Life-Practice Education" critically inherits the Marxist theory of practical materialism and the all-round development of man. Tao Xingzhi's (陶行知) life education thought and General Secretary Xi Jinping's exposition on educating people through practice are both education from life practice, through life practice, and for life practice. Home Economics Education is an important way to implement "Life-Practice Education". Originated from the United States, it went through four stages in China, namely, the rudimentary stage, development, stagnation and re-development, including home economics in vocational education, home economics in disciplinary education and home economics education for all-round development. To develop home economics education in the new era, we must attach importance to macro decision-making, strengthen discipline construction, cultivate specialized teaching force, offer home economics courses, put emphasis on home economics research and interdisciplinary studies, thus localize it on the basis of international experience.

Keywords: Easing the Burden of Excessive Homework and Off-campus Tutoring for Students Undergoing Compulsory Education; Life-Practice Education; Home Economics Education

新时代中国家庭政策的完善与发展

孙晓梅

（中华女子学院，北京 10100）

【摘　　要】家庭政策是以家庭为目标对家庭资源及家庭成员行为施加影响的政策。在培育社会主义核心价值观和弘扬中华民族优秀传统家庭美德的背景下，本文通过对家庭家教家风建设理论被写入党的决议和政府规划过程的梳理，以及从婚姻、未成年人保护、妇女权益和家庭教育等角度，讨论了为适应政治经济发展而制定和完善的各种有关家庭工作的立法内容，进而明确了中央和国家机关初步制定的以家庭生育政策、家庭服务政策、家庭教育政策和婚姻家庭政策为主的相互支持、相互补充的家庭建设政策体系，总结了全国妇联联合其他部委制定的有关家庭建设的大纲、纲要和规划等家庭政策经验。呈现了家庭政策在不断适应变革和创造性过程中的自我完善和发展，从而探讨了当前中国家庭政策持续推进的重要意义。

【关 键 词】家庭政策；家庭教育；家庭立法

【作者简介】孙晓梅：中华女子学院家庭建设研究院执行院长，教授，主要从事中外妇女运动、女性学和家庭学的教学与研究。

家庭政策以家庭为目标并对家庭资源及家庭成员行为施加影响。家庭政策主要体现在政治、经济、社会与医疗保障、社会福利、就业等政策体系中，在加快推动家庭精神文明建设工作的进程中，每个家庭政策都在家庭治理中发挥着独特的作用。①

一 家庭、家教、家风建设理论的提出

党的十八大以来，以习近平同志为核心的党中央高度重视家庭建设，习近平总书记多次做出重要指示，就注重家庭、注重家教、注重家风等，提出了一系列带有根本性、方向性、引领性的新思想、新论断、新要求，制定有针对性的家庭政策，指导党和国家的各项家庭工作，推动政府和社会团体做好家庭工作。

2015 年，在春节团拜会上，习近平总书记指出："家庭是社会的基本细胞，是人生的第一所学校。不论时代发生多大变化，不论生活格局发生多大变化，我们都要重视家庭建设，注重家庭、注重家教、注重家风，紧密结合培育和弘扬社会主义核心价值观，发扬光大中华民族传统家庭美德，促进家庭和睦，促进亲人相亲相爱，促进下一代健康成长，促进老年人老有所养，使千千万万个家庭成为国家发展、民族进步、社会和谐的重要基点。"② 2015 年 10 月在中共十八届五中全会第二次全体会议上习近平总书记特别强调：要守住底线，严格执行党的纪律，决不越雷池一步。要做到廉以修身、廉以持家，培育良好家风，教育督促亲属子女和身边工作人员走正道。

2016 年 10 月中国共产党第十八届中央委员会第六次全体会议通过的《关于新形势下党内政治生活的若干准则》指出，领导干部特别是高级干部必须注重家庭、家教、家风，教育管理好亲属和身边工作人员。严格执

---

① 刘继同：《中国化现代家庭福利目标、政策法规体系与家庭福利服务制度化建设》，《中华女子学院学报》2022 年第 1 期。
② 习近平：《在 2015 年春节团拜会上的讲话》，《人民日报》2015 年 2 月 18 日。

行领导干部个人有关事项报告制度，进一步规范领导干部配偶子女从业行为。

2018年9月，中共中央、国务院印发了《乡村振兴战略规划（2018—2022年）》，在第七篇《繁荣发展乡村文化》中指出："坚持以社会主义核心价值观为引领，以传承发展中华优秀传统文化为核心，以乡村公共文化服务体系建设为载体，培育文明乡风、良好家风、淳朴民风，推动乡村文化振兴，建设邻里守望、诚信重礼、勤俭节约的文明乡村。"

2019年7月，在中央和国家机关党的建设工作会议上，习近平总书记强调："把对党的忠诚纳入家庭家教家风的建设中。"在这个意义上，家庭建设对党和国家的建设具有独特的重要意义。

2019年，《中共中央关于坚持和完善中国特色社会主义制度 推进国家治理体系和治理能力现代化若干问题的决定》提出："注重发挥家庭家教家风在基层社会治理中的重要作用。"通过家庭建设服务于基层社会治理，对于解决社会矛盾和社会问题具有重大的社会意义。

2021年3月《中华人民共和国国民经济和社会发展第十四个五年规划和2035年远景目标纲要》第五十章第三节"加强家庭建设"提出以建设文明家庭、实施科学家教、传承优良家风为重点，深入实施家家幸福安康工程。充分发挥家庭、家教、家风在基层社会治理中的作用。

2021年7月，中宣部、中央文明办、中央纪委机关、中组部、国家监委、教育部、全国妇联印发《关于进一步加强家庭家教家风建设的实施意见》，指出要以习近平新时代中国特色社会主义思想为指导，立足新发展阶段、贯彻新发展理念、构建新发展格局，以培育和践行社会主义核心价值观为根本，以建设文明家庭、实施科学家教、传承优良家风为重点，强化党员和领导干部家风建设，突出少年儿童品德教育关键，推动家庭、家教、家风建设高质量发展。

2021年11月党中央发布的《中共中央关于党的百年奋斗重大成就和历史经验的决议》特别指出，"注重家庭家教家风建设，保障妇女儿童权益"。

习近平总书记关于家庭建设系列重要论述和指示精神的重要举措，回应了新时代人民日益增长的对美好生活的新需求、新期待，对加速发展新时期中国家庭政策具有重大历史意义。党的重点会议和重大决议提出家庭、家教、家风建设，以传承中华优良家风为重点，引领党建工作和家庭工作不断发展，倡导积极向上的优良家风，形成良好的家庭文明理念，是促使家庭幸福、社会安定祥和的重要保障。将注重家庭、家教、家风建设理论写入党的决议和政府规划，家庭政策在不断适应变革和创造性过程中自我完善和发展。

二 立法中的家庭政策

党的十八届四中全会通过了《中共中央关于全面推进依法治国若干重大问题的决定》，明确了实现科学立法、严格执法、公正司法、全民守法的法治改革方向。实行市场经济改革后，随着经济的快速发展，家庭建设也面临新的问题，党和政府对家庭建设工作日益关注。婚恋观呈现多元趋势，婚姻稳定度下降，离婚率上升，单亲家庭增多，家庭户规模继续缩小，人口流动性加强，人口老龄化严重，少子化趋势明显，家庭伦理道德意识淡漠，家风功能发挥失衡，家庭暴力的普遍存在等，已经发展到严重影响社会和谐和社会稳定的程度，这就需要进行新的有关家庭的立法，修订已经不适应现实需要的法律。①

《宪法》历经几次修改，但对家庭的态度始终不变，即都承认家庭受国家保护。现行《宪法》第四十九条规定："婚姻、家庭、母亲和儿童受国家的保护。"这意味着《宪法》承认保护家庭是国家职责所在。1982 年我国修订《宪法》，在"公民的基本权利和义务"中规定："父母有抚养教育未成年子女的义务，成年子女有赡养扶助父母的义务。"这是家庭教育内容首次被写进新中国《宪法》，标志着家庭教育被正式纳入《宪法》

---

① 王思斌：《共同富裕视域下农村困弱群体社会支持体系的建构》，《中华女子学院学报》2022 年第 1 期。

框架，家庭政策有了国家根本大法的顶层设计与支持。

1950 年出台《中华人民共和国婚姻法》。1980 年第五届全国人民代表大会第三次会议通过新的《中华人民共和国婚姻法》，该法增补计划生育、保护老人合法权益；提高法定婚龄，扩大禁婚范围；确立夫妻感情破裂原则，修改离婚程序；加强调整家庭关系，鼓励夫到妻家落户；针对婚姻家庭违法行为，增设制裁和强制执行；等等。2001 年《中华人民共和国婚姻法》修正案主要包括：禁止有配偶者与他人同居，要求夫妻相互忠实；禁止家庭暴力；增设婚姻无效制；增设个人特有财产制，完善约定财产制；增设离婚损害赔偿、离婚时经济补偿请求权，扩大生活困难帮助范围；等等。《中华人民共和国婚姻法》的修改促进家庭政策不断完善。

1986 年制定了《中华人民共和国义务教育法》，2006 年修订的该法第三十六条进一步提出：应该"形成学校、家庭、社会相互配合的思想道德教育体系，促进学生养成良好的思想品德和行为习惯"。1995 年制定的《中华人民共和国教育法》第四十九条规定："未成年人的父母或者其他监护人应该配合学校及其他教育机构，对其未成年人子女或者其他被监护人进行教育。学校、教师可以对学生家长提供家庭教育指导。"这些内容不仅规定了父母教育子女的家庭责任，也明确了学校与教师对家庭教育的指导义务。

1991 年，我国颁布了《中华人民共和国未成年人保护法》，该法强调保护未成年人的身心健康，保障未成年人的合法权益，明确了家庭、学校、社会、司法等各有关方面保护未成年人的责任。2020 年，修订《中华人民共和国未成年人保护法》，设有"家庭保护"一章。第十五条规定：未成年人的父母或者其他监护人应当学习家庭教育知识，接受家庭教育指导，创造良好、和睦、文明的家庭环境。共同生活的其他成年家庭成员应当协助未成年人的父母或者其他监护人抚养、教育和保护未成年人等。更多的家庭政策被写入法律，保护了家庭成员的权益，促进未成年人健康成长。

1992 年颁布的《中华人民共和国妇女权益保障法》多次进行了修订，全方位地对妇女权益进行了重点阐述，包括家庭平等权利、婚姻自主权利、离婚保护、反对家庭暴力、支配财产的权利等。国家保障妇女享有与男性平等的婚姻家庭权利。

2016 年出台的《中华人民共和国反家庭暴力法》强调预防和制止家庭暴力是保护家庭成员的合法权益，维护平等、和睦、文明的家庭关系，促进家庭和谐、社会稳定。家庭暴力是指家庭成员之间以殴打、捆绑、残害、限制人身自由以及经常性谩骂、恐吓等方式实施的身体、精神等侵害行为。家庭成员之间应当互相帮助、互相关爱、和睦相处，履行家庭义务。反家庭暴力是国家、社会和每个家庭的共同责任。国家禁止任何形式的家庭暴力。

2001 年制定《中华人民共和国人口与计划生育法》。2015 年，实施"全面两孩"政策时，全国人大常委会对该法做了第一次修改。2021 年，再次修改规定，国家提倡适龄婚育、优生优育，一对夫妻可以生育三个子女。该法在生育过程、社会保障、计划生育服务和法律责任等方面都做了明确的规定，保护了夫妻双方的家庭利益，也是一项特别具体的家庭人口政策。[1]

2021 年《中华人民共和国民法典》正式实施，在"婚姻家庭编"第 1043 条第一款规定："家庭应当树立优良家风，弘扬家庭美德，重视家庭文明建设。"这与人民群众生活十分密切。《中华人民共和国民法典》规定夫妻债务问题、婚内夫妻共同财产分割制度、离婚经济补偿范围内家务劳动价值更受重视、协议登记离婚三十天的冷静期等，都推动了婚姻家庭政策不断完善与进步。

2022 年颁布的《中华人民共和国家庭教育促进法》中的"家庭教育"是指父母或者其他监护人为促进未成年人健康成长，对其道德品质、知识技能、文化修养、生活习惯等方面的培育、引导和影响。

各种有关家庭的法律的制定和完善，促进家庭建设的理论不断发展和理念不断创新。家庭立法工作伴随中国社会主义建设事业的进步而不断发展，更加注重从立法、执法、司法、普法等方面注重家庭政策的制定，提升人民福祉，建设家庭和发展家庭，提高人民群众的安全感和幸福感，实

---

[1] 鲁全：《中国的家庭结构变迁与家庭生育支持政策研究》，《中共中央党校（国家行政学院）学报》2021 年第 5 期。

现家庭祥和、社会稳定。

三　中央和国家机关制定的家庭政策

党的十九大报告明确指出，我国社会的主要矛盾已经转化为人民日益增长的美好生活需要和不平衡不充分的发展之间的矛盾。家庭政策与每个家庭有着直接关系，应照顾到贫困家庭、病残人员家庭、老年空巢家庭、失独家庭、农村留守妇女和儿童、困境儿童、老人家庭等特殊困难群众的利益需求。中央和有关部委相互合作发布有关家庭建设方面的政策规定，初步形成了多个文件相互支持、相互补充的家庭建设政策体系，对于家庭工作主体职责的界定，对家庭工作目标和内容的规划，以及对家长责任、家庭教育工作机构责任、行政部门责任等都有明确要求，家庭政策建设与法规建设同步进行，回应了人民的新需求、新期盼和新情况、新问题。①

（一）家庭生育政策

2013 年 11 月，《中共中央关于全面深化改革若干重大问题的决定》提出，"启动实施一方是独生子女的夫妇可生育两个孩子的政策"；2021 年 5 月 31 日，中共中央政治局召开会议，会议指出，进一步优化生育政策，实施一对夫妻可以生育三个子女的政策及配套支持措施，有利于改善我国人口结构，落实积极应对人口老龄化国家战略，保持我国人力资源禀赋优势。

2021 年 11 月，国家卫健委为进一步提高儿童健康水平，依据《中华人民共和国母婴保健法》和《"健康中国 2030"规划纲要》，制定《健康儿童行动提升计划（2021–2025 年）》。儿童健康是全民健康的基础，是经济社会可持续发展的重要保障。到 2025 年，覆盖城乡的儿童健康服务体系更加完善，基层儿童健康服务网络进一步加强，儿童医疗保健服务能力

---

① 刘永廷：《论我国家庭政策的制度性支持》，《中华女子学院学报》2021 年第 3 期。

明显增强，儿童健康水平进一步提高。强化儿童养护人员为儿童健康第一责任人理念，提高儿童养护人员健康素养。以家庭、社区、托幼机构为重点，加大健康知识宣传力度，普及健康生活方式。

（二）家庭服务政策

2010 年，国务院办公厅发布《关于发展家庭服务业的指导意见》，提出家庭服务业是以家庭为服务对象、向家庭提供各类劳动、满足家庭生活需求的服务行业。大力发展家庭服务业，对增加就业、改善民生、扩大内需、调整产业结构具有重要作用。

2012 年，商务部为了满足家庭服务消费需求，维护家庭服务消费者、家庭服务人员和家庭服务机构的合法权益，规范家庭服务经营行为，促进家庭服务业发展，出台了《家庭服务业管理暂行办法》。

2019 年 6 月，国务院办公厅印发《关于促进家政服务业提质扩容的意见》，该意见指出，家政服务业作为新兴产业，对促进就业、精准脱贫、保障民生具有重要作用，应采取综合支持措施，提高家政从业人员素质。

2021 年 10 月，商务部、国家发展和改革委员会、人力资源和社会保障部、国家乡村振兴局等 14 部门印发了《家政兴农行动计划（2021-2025年）》，统筹实现巩固拓展家政扶贫成果，衔接乡村振兴与家政服务业提质扩容，统筹保障城市和乡村家政服务需求，以家政服务业供给侧结构性改革为主线，聚焦破解困扰家政兴农和行业高质量发展的堵点、痛点，促进家政服务业高质量发展，更好地满足城乡家政服务消费需求，助力乡村振兴，为构建新发展格局提供有力支撑。

（三）家庭教育政策

1997 年，国家教委、全国妇联联合颁布《家长教育行为规范》。明确规范家长教育行为的"国家意志"，迈出公权干预的重要一步。2004 年又进行了修改，目的是不断提高家长素质，科学教育子女，使家庭成员共同进步。

2010 年，国务院通过《国家中长期教育改革和发展规划纲要（2010—2020 年）》。要求各级党委和政府切实加强对教育工作的领导，把落实教育优先发展、推动教育事业科学发展作为重要职责，加强对《国家中长期教育改革和发展规划纲要（2010—2020 年）》实施的组织领导。明确指出了家庭教育在教育改革和发展中的地位和作用，强调学校教育、社会教育和家庭教育要紧密结合。

2015 年 10 月，教育部印发《关于加强家庭教育工作的指导意见》，指导各地积极发挥家庭教育在少年儿童成长过程中的重要作用，提升对家庭教育工作的重视程度，提高家庭教育工作的水平，为每个孩子打造适合健康成长和全面发展的家庭环境，构建学校教育、家庭教育和社会教育有机融合的现代教育体系。

2020 年 3 月，中共中央、国务院为构建德、智、体、美、劳全面发展的教育体系，针对加强大中小学劳动教育颁布了《关于全面加强新时代大中小学劳动教育的意见》，充分认识新时代培养社会主义建设者和接班人对加强劳动教育的新要求；全面构建体现时代特征的劳动教育体系；广泛开展劳动教育实践活动；着力提升劳动教育支撑保障能力；切实加强劳动教育的组织实施。

（四）婚姻家庭政策

2017 年 3 月，为落实中共中央办公厅、国务院办公厅印发的《关于完善矛盾纠纷多元化解机制的意见》，进一步完善矛盾纠纷多元化解机制，做好婚姻家庭纠纷预防化解工作，建设平等、和睦、文明的婚姻家庭关系，全国妇联、中央综治办、最高人民法院、公安部、民政部和司法部联合发布了《关于做好婚姻家庭纠纷预防化解工作的意见》，明确了党委领导、政府主导、综治协调，人民法院、公安、司法行政、民政等职能部门和妇联组织共同参与的婚姻家庭纠纷多元化解机制，从婚姻家庭纠纷排查化解、人民调解、婚姻家庭辅导、家事审判改革等方面提出了具体要求。

2020 年 9 月，民政部、全国妇联联合印发了《关于加强新时代婚姻家庭辅导教育工作的指导意见》。两部委提出探索开展婚前辅导，提升结婚颁证服务水平，建立地方领导、社会名人颁证制度等举措。关于婚前辅导，该意见提出开发婚前辅导课程，编写教材和宣传资料，在婚姻登记大厅通过宣传栏、视频、免费赠阅等，帮助当事人做好进入婚姻状态的准备，学会管理婚姻，努力从源头上减少婚姻家庭纠纷的产生。婚前辅导内容主要包括宣传婚姻家庭文化、家庭责任、沟通技巧、家庭发展规划等。

建立适应社会和家庭变迁、符合家庭需求、促进家庭发展的政策体系；强调家庭、家教、家风建设在基层社会治理中的特殊作用。家庭政策关系到千万个小家的建设，千万个小家形成国家，小家和谐，国家才能稳定健康发展；科学制定家庭政策能够改善民生、提升家庭生活质量，使家庭建设迎来新的发展机遇。

四　国务院妇工委和全国妇联牵头制定的家庭政策

2018 年中国妇女第十二次全国代表大会召开，2018 年 11 月通过的《中华全国妇女联合会章程（修正案）》，把"组织开展家庭文明创建，支持服务家庭教育，传承中华民族家庭美德，树立良好家风，推动形成家庭文明新风尚"作为妇联组织的一项重要工作任务。家庭建设受到广泛关注，家庭是社会发展的前提和基础，重视家庭教育需要考虑家庭政策的顶层设计，家庭教育需要将国际标准、国家政策与家庭建设有效结合起来，制定科学合理的家庭教育指导内容，促进家庭和谐、社会稳定。

（一）《全国家庭教育指导大纲》

2010 年 2 月，为深入贯彻落实《中共中央 国务院关于进一步加强和改进未成年人思想道德建设的若干意见》，提高家庭教育总体水平，促进儿童健康发展，全国妇联等 7 部委联合颁布《全国家庭教育指导大纲》。

它规范了各年龄段儿童家庭教育指导要点，在指导家庭教育理论研究，规范家庭教育内容，提高家庭教育指导服务性、科学性和针对性等方面发挥了重要作用。

随着社会的发展，家庭教育工作也发生了诸多变化。2019 年颁布的《全国家庭教育指导大纲（修订）》内容有：新婚期及孕期的家庭教育指导，0～3 岁儿童的家庭教育指导，3～6 岁儿童的家庭教育指导，6～12 岁儿童的家庭教育指导，12～15 岁儿童的家庭教育指导，15～18 岁儿童的家庭教育指导。特殊家庭、特殊儿童的家庭教育指导，是以各个年龄段儿童的身心发展状况为依据设置的，以德、智、体、美、劳的顺序排列。家庭教育指导要尊重儿童的身心发展规律，发挥家长的主体作用。

（二）家家幸福安康工程

2019 年全国妇联推出一个家庭建设的指导计划——"家家幸福安康工程"，有 4 个方面的内容。实施家庭文明创建行动：寻找"最美家庭"；实施"绿色家庭"创建行动；推出一系列展现好家风的文化产品；命名一批家教家风实践基地。实施家庭教育支出行动：推动完善家庭教育法律政策；启动实施"父母成长计划"；做实做强各类家长学校；发展壮大家庭教育指导服务队伍。实施家庭服务提升行动：优化巾帼家政服务；做实巾帼健康服务；完善婚姻家庭服务；开展家庭公益项目。实施家庭研究深化行动：建立家庭建设研究中心；建立家庭建设专家库；促进研究成果转化和应用；建设新时代家庭大数据。

（三）《中国妇女发展纲要（2021—2030 年）》和《中国儿童发展纲要（2021—2030 年）》

2021 年 9 月国务院妇女儿童工作委员会在新一轮《中国妇女发展纲要（2021—2030 年）》和《中国儿童发展纲要（2021—2030 年）》中，第一次分别把"妇女与家庭建设"和"儿童与家庭"纳入重点目标。

《中国妇女发展纲要（2021—2030）》制定妇女与家庭建设目标，是加强人们树立良好的家庭文明理念，倡导积极向上的家风、家教的重要体现，也是解决家庭问题的理论基础；建立并完善促进男女平等和妇女全面发展的家庭政策体系，增强家庭功能，提升家庭发展能力；充分发挥妇女在家庭生活中的独特作用，注重发挥家庭、家教、家风在基层社会治理中的重要作用；构建男女平等、和睦、文明的婚姻家庭关系，降低婚姻家庭纠纷对妇女发展的不利影响；完善和发展促进妇女全面发展的家庭政策与公共服务。目的是强化政府的有关职能，动员全社会的力量，为妇女的进步与发展创造更好的社会环境。在新时代《中国妇女发展纲要（2021—2030年）》中妇女与家庭建设指标体系有 9 个目标、10 个策略措施。①

《中国儿童发展纲要（2021—2030年）》是我国制定实施的第四个周期的中国儿童发展纲要。目前，我国儿童权益保障法律法规政策体系进一步完善，孤儿、事实无人抚养儿童、残疾儿童、留守儿童、流浪儿童等困境儿童群体得到更多的关爱和保护。但受经济社会发展水平制约，我国儿童事业发展仍然存在不平衡不充分问题，贯彻儿童优先原则的力度需要进一步加大，保障儿童权利的法治建设需要持续推进，基层儿童保护和服务机制需要进一步健全。《中国儿童发展纲要（2021—2030年）》提出到 2030 年儿童与家庭的主要目标：强调发挥家庭立德树人第一所学校的作用，培养儿童的好思想、好品行、好习惯；教育引导父母或其他监护人落实抚养、教育、保护责任，树立科学育儿理念，掌握运用科学育儿方法，覆盖城乡的家庭教育指导服务体系基本建成，指导服务能力进一步提升。在新时代《中国儿童发展纲要（2021—2030年）》中，儿童与家庭指标体系有 8 个目标、9 个策略措施。

（四）《关于指导推进家庭教育的五年规划（2021—2025年）》

"十二五"规划时期，我国仍处于经济转轨和社会转型的关键时期，加快推进以民生为重点的社会建设，将为家庭教育工作带来巨大的发展空

---

① 李明舜：《引领新时代中国妇女全面发展的纲领性文件——〈中国妇女发展纲要（2021—2030年）〉的亮点与特点》，《中国妇女报》2021年9月30日。

间。中央在加强和创新社会管理的重大部署中，突出强调要支持工、青、妇等人民团体参与社会管理和公共服务，为发展家庭教育公共服务带来了前所未有的良好机遇。同时，在经济体制深刻变革、社会结构深刻变动、利益格局深刻调整、思想观念深刻变化、家庭结构趋向多元、社会文化环境较为复杂的大背景下，传统与现代价值观相互碰撞，家庭教育和家庭教育工作面临着新的挑战，因此从"十二五"、"十三五"到"十四五"坚持制定和推进家庭教育规划。

2022 年 4 月，全国妇联、教育部等 11 个部委印发《关于指导推进家庭教育的五年规划（2021—2025 年）》，把构建覆盖城乡的家庭教育指导服务体系，健全学校、家庭、社会协同育人机制，促进儿童健康成长确立为今后一个时期家庭教育发展的根本目标。计划到 2025 年，家庭教育立德树人理念更加深入人心，制度体系更加完善，各类家庭教育指导服务阵地数量明显增加，稳定、规范、专业的指导服务队伍基本建立，公共服务资源供给更加充分，覆盖城乡、公平优质、均衡发展的家庭教育指导服务体系逐步完善，学校、家庭、社会协同育人机制更加健全，家庭教育在培养德、智、体、美、劳全面发展的社会主义建设者和接班人中发挥更重要的基础性作用。①

全国妇联联合其他部委制定的有关家庭建设的大纲、纲要和规划等家庭政策，是新时代落实男女平等基本国策、促进妇女全面发展、推动家庭建设的重要保障，也是我国人权保障政策体系的重要组成部分。在其指引、指导和监督下，充实和完善家庭政策内容，推动家庭文明建设，提高家庭生活质量，解决家庭矛盾，为家庭友好型城市的建立奠定了基础。

进入新时代，党中央进一步把家庭建设融入党的事业大局中进行统筹规划，在整体推进党的事业中不断制定有关家庭建设的立法、规划和纲领性文件，不断扩大家庭、家教、家风建设的理论体系和实践内容。将家庭

---

① 储朝晖：《构建各方协同的家庭教育指导服务体系》，《光明日报》2022 年 4 月 18 日。

政策写入乡村振兴规划、党的百年决议和"十四五"家庭教育规划，标志着党的施政纲领对家庭建设的确认和推进。坚持和完善共建共治共享的社会治理制度，就要不断完善家庭政策的体系建设，深入研究家庭、家教、家风在基层社会治理中的重要作用和制度机制，研究家庭领域出现的新情况、新问题，总结各地方在家庭建设中的经验做法，为出台更健全完善的家庭立法、家庭规划和家庭政策做出贡献。

（编辑：王亚坤）

Improving and Developing Family Policies in China in the New Era

SUN Xiaomei

（China Women's University, Beijing 10100, China）

Abstract: Family policy is a policy oriented towards family, which exerts influence on family resources and the behavior of family members. Under the background of cultivating socialist core values and carrying forward the traditional family virtues of the Chinese nation, by combing the process through which family, family education and family tradition construction theory was written into the Party resolutions and government plannings, this paper discusses a wide range of family-related legislation formulated and amended to adapt to the political and economic development from the perspectives of marriage, minor protection, women's rights and interests and family education. It further identifies the family construction policy system, which was initially formulated by the agencies of the CPC Central Committee and the state, and focuses on family birth policy, family service policy, family education policy and marriage policy, all of which support and complement each other. This paper also summarizes the experience of family policies, such as the guidelines, outlines and plans regarding family construction, formulated by the All－China Women's Federation in conjunction with other ministries and commissions. It shows the self－improvement and development of family policy, which is constantly adapting to changes, and probes into the significance of the continuous reform of family policy in China.

Keywords：Family Policy；Family Education；Family Legislation

协同育人视域下家校（园）社托幼一体化的原则与路径

周宇鑫　　王德强

（河北师范大学家政学院，河北石家庄 050024）

【摘　　要】《中华人民共和国家庭教育促进法》正式将托育服务纳入法律范畴，并在社会协同方面提倡建立健全协同育人机制。这一提倡契合当前托幼一体化的国际潮流，也为托幼一体化的高质量发展指明了方向。本文将结合《中华人民共和国家庭教育促进法》的背景，在协同育人视域下探索托幼一体化高质量发展的原则与路径。

【关　键　词】托幼一体化；《中华人民共和国家庭教育促进法》；协同育人

【作者简介】周宇鑫，河北师范大学家政学专业 2021 级在读硕士研究生，主要从事儿童早期发展与教育研究。王德强，河北师范大学家政学院，副教授，硕士生导师，主要从事学前教育、教育心理学研究。

2021 年 10 月 23 日，第十三届全国人民代表大会常务委员会第三十一次会议通过了《中华人民共和国家庭教育促进法》（以下简称《促进法》）。《促进法》确立了全社会共同支持家庭教育的责任要求，而 0~3 岁作为儿童成长的关键期，尤其需要全社会的协同力量帮助家长承担婴幼儿照护的责任。托幼一体化为整合各方托育资源的婴幼儿照护体系，《促进法》为家校（园）社协同育人方面重点发力提供了法律保障。托幼一体化的高质量发展，需要以专业机构——托幼园（所）为主轴，将科学的托育实践延伸至社区、家庭，以实现家校（园）社协同育人效应。因此，实现托幼一体化的高质量发展，需要对标《促进法》要求，有效发挥家校（园）社的协同合力。

一 托幼一体化的内涵与价值

（一）托幼一体化的内涵

经济合作与发展组织（OECD）成员国都在积极推行"托幼一体化"模式，其相关实践也证实了托幼一体化是未来托幼服务发展的必然趋势。[①]具体而言，托幼一体化既包括一体化的教育理念、一体化的管理体制、一体化的办托办园机制以及保障一体化的财政性投入，又包括一体化的师资队伍和一体化的课程体系。其中"托幼一体"的教育理念是前提，理顺管理体制是龙头，保障财政投入是核心，一体化的协作机制是基础，师资、课程的一体化是关键。除此之外，更为重要的是实现家校（园）社三个关键教育主体的一体化，即家校（园）社发挥协同合力，共同促进"托""幼"全面一体化。

由于历史原因，当前我国在0~6岁儿童早期教育领域存在二元割裂的现象，即0~3岁属于托幼阶段，由卫生部门以及妇联等单位管理；3~6岁属于幼儿园阶段，管理权责归属于教育行政部门。而且，由于管理权的割裂，前一阶段以保健为主，教育功能极其薄弱；后一阶段以教育为主，保健功能也在一定程度上弱化。这种二元割裂的现象在一定程度上使0~3岁与3~6岁的幼儿早期教育不连续、实施理念不统一。而"托幼一体化"正

[①] 李放、马洪旭：《中国共产党百年托幼服务供给研究：变迁历程、演进逻辑与未来展望》，《社会保障研究》2021年第5期。

是出于整合托幼资源的现实考量，秉持一体化的教育理念，以一体化的管理体制为龙头，辅以相应的财政投入、课程互商和师资共享，力图用一体化的顶层设计解决托幼分离所造成的养育难题。

特别需要注意的是，"一体化"并不等于"一致化"。"一体化"的教育理念既强调将 0~6 岁早期儿童教育与保育视为一个连续整体，又重视 0~3 岁与 3~6 岁的儿童发展之间的阶段性与差异性。[1] 具体而言，就是树立以儿童发展为中心的教育理念，遵循儿童的身心发展规律，设定儿童在不同年龄阶段的发展目标，建立一套具有发展连续性、系统性又兼顾个性的整体课程指南，既连续又分段，既整合又系统，保教融合，充分利用儿童在不同年龄阶段的敏感期。根据儿童发展的相关研究显示：2~3 岁是个体口头语言发展的关键期；4~6 岁是个体对图像的视觉辨认、形状知觉形成的最佳期；5 岁至 5 岁半是个体掌握数字概念的最佳期；5~6 岁是个体掌握词汇能力发展最快的时期。[2] 而托幼一体化的主要任务之一就是立足儿童的终身发展，以一体化的整体视角统筹各个敏感期的教育任务，帮助儿童踩稳发展步点，为儿童的终身发展打下坚实基础。

（二）托幼一体化的价值

托幼一体化的实施首先是帮助家庭实现优生优育，突破家庭抚育困境，提振"三孩"生育意愿。第七次全国人口普查数据显示，我国生育率进一步下降，人口老龄化进程明显加快。[3] 2021 年 5 月 31 日，中共中央政治局审议通过《关于优化生育政策促进人口长期均衡发展的决定》，实施一对夫妻可以生育三个子女政策及配套支持措施。然而"全面三孩"政策的实施效果不甚理想，根据调查显示，经济负担重（56.1%）以及孩子无

---

① 王红蕾、和润雨、肖宇飞：《在新形势下推进"托幼一体化"》，《中国教育报》2022 年 6 月 26 日。

② 庞丽娟、胡娟、洪秀敏：《论学前教育的价值》，《学前教育研究》2003 年第 1 期。

③ 《人口普查数据里的喜和忧》，http://www.banyuetan.org/szjj/detail/20210524/1000200 0331359916218284890929916151_1.html。

人照料（36.99%）是家庭不愿生三孩的最主要因素。[①] 托幼一体化注重整合托幼资源，贯彻落实"普惠优先"的基本准则，在社区、幼儿园设立托幼班，一方面借助社区的闲置空间、幼儿园的专业师资和专业技术提升教保质量；另一方面充分利用幼儿园的托育空间，有效降低家庭的托育成本。以上种种，都有助于家庭减轻"幼无所托""幼无优育"的后顾之忧，从而提升家庭的生育意愿。

其次，建设高质量的0~6岁早期保教体系，提升教保质量。建设高质量教育体系是新时代我国教育改革的主要政策取向和基本要求，[②] 早期教育作为儿童终身教育的奠基阶段，也深刻影响着国家未来的人力资本。2010年至今，在党和国家的统筹部署下，我国学前教育事业改革取得了巨大成就，具体表现为学前教育财政投入不断增加，保教质量不断提升，幼儿园教育队伍建设不断加强，学历层次不断提升，等等。[③] 然而与3~6岁学前教育形成鲜明对比的是，0~3岁托幼领域乱象丛生，质量差、收费高等不良现象成为建设"普惠而有质量"托幼体系的主要障碍。《2019年欧洲儿童早期教育与保育的关键数据》报告显示，实行托幼一体化的国家更有可能为所有儿童提供发展适宜性的教育内容，有助于改善儿童的照护和学习质量。[④] 究其根本，乃是托幼一体化使得0~3岁阶段与3~6岁阶段的保教服务在政府资助、人员资质等方面实现步调一致，从而可矫正"重学前、轻托幼"的不平衡现象，从整体上提升0~6岁儿童早期发展的教保质量。

---

① 洪秀敏、朱文婷：《家庭"三孩"生育意愿及其与婴幼儿照护支持的关系》，《广州大学学报》（社会科学版）2022年第1期。

② 《中国教育现代化2035》，http://www.gov.cn/zhengce/2019－02/23/content_5367987.htm。

③ 梁慧娟：《改革开放40年我国学前教育事业发展的回望与前瞻》，《学前教育研究》2019年第1期。

④ Commission/Eacea/Eurydice E. Key data on early childhood education and care in Europe, 2019, https://op.europa.eu/en/publication－detail/-/publication/fd227cc1－ddac－11e9－9c4e－01aa75ed71a1.

二 《促进法》背景下托幼一体化高质量发展的 新方向——协同育人

刘国艳等学者认为托幼一体化包括横向与纵向两个维度：纵向维度指在管理体制、课程建设、师资培养、督导评估等层面均实施一体化；横向维度指促成托幼园所与家庭、社区、社会相关组织、企事业单位等多个责任主体之间的紧密联结，为 0~6 岁幼儿提供连贯协调的保育与教育服务。[①]可见，托幼一体化是一个包含管理体制一体化和教育主体一体化的综合工程。其中家庭、社区和托幼园所作为儿童早期发展过程中的三个重要场域，对推进教育主体一体化起着举足轻重的作用，三者之间的割裂分离则会导致"5+2=0"的现象（即如果 5 天学校教育与 2 天的家庭教育发生冲突，那么儿童的教育效果将会大打折扣）。因此，在统合托幼的管理体制、课程建设、师资培养等维度之外，如何理顺诸多教育主体之间的关系以便发挥家校（园）社三者的协同合力，是托幼一体化实现高质量发展的"必答题"。《促进法》所提倡的"家校（园）社协同育人机制"为托幼一体化的横向拓展指明了方向。

国家"十四五"规划明确提出"健全学校、家庭、社会协同育人机制"，家校（园）社协同育人机制的内涵即家庭、学校（托幼园所）、社会基于共同的人才培养需求，通过要素互通和资源共享形成的一种以"能量互惠，连续合作"为关系模式的共生系统。[②]《促进法》承接"十四五"规划的要求，强调全社会要协力支持家庭教育，多渠道开展家庭教育指导，[③]真正构建起家校（园）社协同育人的良好生态。在婴幼儿照护领域，

---

① 刘国艳、詹雯琪、马思思等：《儿童早期教育"托幼一体化"的国际向度及本土镜鉴》，《学前教育研究》2022 年第 4 期。

② 韩天骄、苏德：《"双减"背景下学校教育提质的内涵、价值、路向》，《中国电化教育》2022 年第 5 期。

③ 边玉芳：《传统"家事"上升为新时代的重要"国事"——"双减"背景下全社会如何支持家长为促进儿童健康成长而教》，《人民教育》2021 年第 22 期。

《促进法》对该领域内的各教育主体，都提出了相应的要求：既要求父母与幼儿园、婴幼儿照护服务机构、社区密切配合，积极参加其提供的公益性家庭教育指导和实践活动（第十九条）；又要求社区对未成年人的父母积极承担家庭教育指导的责任（第三十八条）；并赋予婴幼儿照护服务机构和早期教育服务机构提供科学养育指导等家庭教育指导服务的义务（第四十四条）。这些教育主体在儿童保教领域分别占有不同的教育资源，都有着相应的教育优势，存在形成共生共促机制的可能性。于是在《促进法》的时代背景下，构建起家校（园）社协同育人机制，是实现托幼一体化高质量发展的必然方向。

三　协同育人视域下，托幼一体化高质量发展的原则

（一）以促进"人的全面发展"为原则，将"孩子们成长得更好"作为教育理念一体化的出发点

确立一体化的教育理念是推进托幼一体化的前提。教育理念一体化的本质在于立足儿童本位的发展观，遵循儿童的身心发展规律，促进儿童的全面发展。正如习近平总书记所言："孩子们成长得更好，是我们最大的心愿。"[1] 这同时也是家校（园）社协同育人的初心和使命。让孩子们成长得更好，在我国教育方针下的确切内涵就是要坚持为人民服务，促进儿童德、智、体、美、劳全面发展，帮助他们成为新时代社会主义建设者和接班人。在协同育人的格局下，托幼一体化所涉及的各教育主体着眼于促进儿童全面发展的协同育人使命，积极参与生态协同的互动合作。

"不谋全局者，不足谋一域。"家庭、学校（托幼园所）以及社会都有各自的教育领域，这些教育领域构成了协同育人的教育格局。托幼一体化的高质量发展需要各方付出长期卓越的努力，需要不同教育主体之间深度

---

① 郗厚军：《学校家庭社会协同育人：性质指向、理论意涵及关键点位》，《东北师大学报》（哲学社会科学版）2022 年第 3 期。

协同沟通、系统反馈和动态调整。为了让孩子们成长得更好，在托幼一体化协同育人的过程中，还将不可避免地涉及教育主体的权利让渡。例如，为了实现家校（园）社的有效协同，托幼园所需要让渡部分的教育权，让社区和家长参与到教学计划和课程框架的设计中来，建立整体协同的学习和实践教育体系。

（二）确立幼儿园在一体化协同育人格局的中心地位

整合托儿所和幼儿园的教育资源，形成系统的 0~6 岁早期保教体系，是托幼一体化的关键一步。相对于家庭与社区，幼儿园在儿童早期保教方面具备明显的优势。一是资源便利。幼儿园具有丰富和完备的人、财、物等教育资源，开展 0~3 岁婴幼儿早期教育服务时不需要再在基础建设和人力资源方面重复投资，启动和运行成本相对较低。二是专业化程度高。幼儿教师从事 0~3 岁早期教育有专业优势，所提供的早期教育服务更符合 0~3 岁婴幼儿身心发展的特点和规律，性价比比较高。三是保障有力。幼儿园尤其是普惠制幼儿园，不仅是正规教育机构，肩负立德树人的教育使命；而且监督机制完善，没有商业炒作等不良行为，诚信度和美誉度较高，家长也比较信赖。此外，有些幼儿园是社区配套幼儿园，家长接送婴幼儿也比较方便。因此，在推进托幼一体化的过程中，可以围绕幼儿园构建协同育人格局，充分发挥幼儿园的独特优势。日本在《第三个幼稚园振兴计划（1991—2000 年）》中就曾要求各幼稚园逐步发挥社区幼儿教育中心的作用，向家长传播科学育儿的知识，加强幼儿园与家庭之间的联系与合作。[①]

（三）明确权责分工，遵守平等、互助、共商、共进的协同原则

家庭、托幼园所、社区三者的权责分工属于托幼一体化中的"横向之维"，其中，家庭是协同育人的基础，托幼园所是协同育人的主导，社区

[①]　陈红梅、金锦秀：《从局外走向局内——关于幼儿园成为社区 0~3 岁婴幼儿早期教育服务中心的思考》，《学前教育研究》2009 年第 9 期。

是协同育人的依托。具体而言，家长是儿童的第一任老师，家庭环境是个体终身成长的起点，对儿童成长起着基础性、奠基性的作用；托幼园所有着专业的教师队伍，精心打造的育儿场所能够帮助家长开展科学的育儿之旅，科学与专业决定了托幼园所的主导地位；社区作为托幼园所和家庭的大环境，有着丰富的物质、人力资源，是幼儿社会性发展的绝佳场所，可以作为托幼园所和家庭之外的教育资源的有益补充和延展。尽管分工不同，但三者都是协同育人格局中地位平等的教育主体，应当互为补充，遵守平等、互助、共商、共进的协同原则，建构系统、稳定、成熟的托育体系。

四 协同育人视域下，托幼一体化高质量发展的路径

在托幼一体化的实践中，幼儿园、家庭、社区协同共育还存在单向性特点，即幼儿园是权威者、主导者，教师"指挥"着家长、社区参与共育，但较少考虑家长、社区的需求；家庭、社区是参与者、支持者，被动配合幼儿园的共育，缺乏主动性和主导权，缺少主体意识。① 有鉴于此，如何在实践中落实三方协同育人的原则将是托幼一体化高质量发展的关键问题。

（一）制定完善的公共政策，构建一体化的托幼管理体制

管理体制的一体化是实现托幼一体化的基础，完善的公共政策及配套的制度与运行机制是保障托幼一体化服务规范发展的必要前提。只有让制度与标准有法可循、有法可依，制度与标准才真正具备效力。针对托幼一体化服务宏观层面（国家早期教育发展方向、理念等）、中观层面（儿童发展指标、教师专业发展路径等）、微观层面（机构人员构成、师幼比等）的各项标准作出统一规范和要求，从法律层面为幼儿早期保教服务工作的

---

① 李晓巍、刘倩倩、郭媛芳：《改革开放 40 年我国幼儿园、家庭、社区协同共育的发展与展望》，《学前教育研究》2019 年第 2 期。

质量增加保障。①

托幼一体化的纵横两个维度都需要相应的规章制度予以细化和规范，形成一套纵横相通的政策保障体系。具体而言，在纵向维度，需要对 0~6 岁早期教育进行系统性、整体性的规划；在横向维度，需要在系统的整体规划下对托幼园所、家庭和社区的协同育人细则进行规范，包括 0~3 岁婴幼儿的家庭指导方案、社区内托幼园所支持家庭教育的形式以及三方定期的沟通制度等。此外，由于托幼一体化涉及多个教育主体，需要设立一个管理主体以"让孩子们成长得更好"为宗旨统筹各方，避免出现推诿扯皮、各行其是的现象。这一管理主体还要对托幼一体化相关主体在政策落实、行为规范、服务目标达成等方面予以监督考核。由于托幼园所在协同育人格局中起着主导性作用，还需要重点把握托幼园所的业务指导、协同方案评估、准入性考核和过程性考核，同时定期将考核结果公布在相关网站，保证考核的公开透明。社区内居民也可以通过该网站对托幼园所、社区的不规范行为进行投诉、维权和追踪。

（二）发挥幼儿园的中心辐射作用，明确一体化的教育理念

一体化的教育理念立足儿童发展取向，遵循儿童的身心发展规律，特别关注儿童在各个年龄阶段的发展敏感期。为有效发挥家校（园）社三方的育人合力，需要明确一体化的教育理念，用一体化的教育理念指导家校（园）社三方的托育合作。幼儿园作为托幼一体化的中心，应当通过自己的专业优势弥补家庭和社区在养育知识领域的空白，将托幼一体化的理念辐射至家庭和社区。幼儿园常见的知识分享方式是组织家长参与学校讲座，这种形式可以向家长传递教育幼儿的方法，帮助其提高科学育儿的水平。讲座的内容应将理论与实际相结合，便于家长理解和操作，可聘请专家主讲。但知识讲座的对象不仅限于家长，还可以发动社区工作群体、托

---

① 洪秀敏等：《婴幼儿托育机构设置标准的国际经验与启示》，北京师范大学出版社，2020，第 96 页。

幼行业群体加入，实现知识内容的分享和有效教育合力的形成。除此之外，创办协同读物作为互动交流的载体，向社区、家长传递教育信息，也是形成教育合力的有力举措。[①] 社区和家长也应当积极配合幼儿园的指导，在各自的保教场域内贯彻落实一体化的教育理念。

（三）强化社区、家长在课程一体化中的主体身份

家长和社区只有真正参与到托幼园所的决策体系中，才能真正唤起其作为教育主体的"主人翁"意识，家校（园）社的协同育人才不至于沦为托幼园所的独角戏。托幼园所可以主动邀请社区、家庭中的代表人员定期探讨课程框架、教学计划等。在参与决策的过程中，各方要遵守平等、互助、共商、共进的协同原则，为构建协同育人格局营造民主合作的氛围。托幼一体化的课程框架、教学计划在保证科学系统的前提下，也可以根据家长和社区的需求和反馈进行动态调整。

芬兰在 2010 年的《学前班教育核心课程》中指出，父母和监护人参与学前班教育的目标设定、规划和评估工作非常重要。[②] 教育计划由家长和托幼园所教职员工一起制订，他们也会一起协商如何达成这些教育计划。这样一来，家长就对自己孩子的课程计划非常熟悉，也鼓励了家长的进一步参与。教职员工还会和家长沟通一体化协同的课程体系构建，并为家长提供建议，帮助他们在家庭环境中实现一些课程元素，以保持教育方向的一致性和教育合力的持续性。

（四）培育一支注重协同育人的一体化师资队伍

托幼园所的教职员工除需要掌握相应的专业知识之外，还应当从纵横两方面把握托幼一体化的理念，既要对 0~6 岁的儿童进行系统培养，避免出现 0~3 岁与 3~6 岁脱节的现象；又要注重与家庭、社区之间的沟通合

① 王秋霞：《家、园、社区协同教育的现状、影响因素与发展路径》，《学前教育研究》2014年第 5 期。
② 翟弦亮：《OECD 国家保教一体化政策研究》，硕士学位论文，首都师范大学，2014。

作，促成家校（园）社协同育人格局。此外，在横向拓展的过程中，还可以充分利用社区内的人力资源，比如社区志愿者、退休教师之类，进一步丰富社区早教师资队伍。

高等师范院校作为未来托幼人才的摇篮要继续重视专业建设，在发展3~6岁幼儿为教育对象的学前教育专业的基础上，也需以培养0~3岁婴幼儿保育人才为目标开设相关专业或课程，如0~3岁婴幼儿发展心理学、0~3岁婴幼儿保育知识与技能等，关注0~6岁范围内婴幼儿不同的发展特点与保教要领，提供综合课程及观摩、实操机会，弥合以3岁为界限的"人为年龄分水岭"及填补3岁以下婴幼儿保教人才的现有缺口，为托幼事业培养高素质专业人才。[1]

（编辑：王亚坤）

Integration of Nursery and Kindergarten with Home−Preschool−Community Collaboration from the Perspective of Collaborative Education： Principles and Pathways

ZHOU Yuxin, WANG Deqiang

（College of Home Economics, Hebei Normal University, Shijiazhuang, Hebei 050024, China）

Abstract：The Family Education Promotion Law of the People's Republic of China officially includes childcare service in the scope of law, and calls for the

---

① 李心洁：《生育政策变革下托幼一体化发展的需求与实现》，《教育导刊（下半月）》2021年第8期。

establishment and improvement of the collaborative education mechanism for social coordination. This is in line with the current international trend of the integration of nursery and kindergarten. It also points out the direction for the high－quality development of the integration of nursery and kindergarten. In light of The Family Education Promotion Law of the People's Republic of China, this paper explores the design principles and practice pathways for the high－quality development ofthe integration of nursery and kindergartenfrom a collaborative education perspective.

Keywords：Integration of Nursery and Kindergarten；The Family Education Promotion Law of the People's Republic of China；Collaborative Education

"四维一体"家政人才培养体系构建研究[*]

徐宏卓

（上海开放大学学历教育部，上海 200433）

【摘　　要】长期以来，公众对家政服务业质量的不满往往被归因于家政服务人员能力不足和培养质量不佳，进一步将矛头指向包括学校在内的培养单位。家政人才培养是一个系统工程，特别是在新形式、新技术下，家政行业即将面临业态转型，希望能够得到包括高校在内的更多支持。"四维一体"家政人才培养模式要求政府、企业、学校、行业协会各司其职，充分利用市场规律调动一切积极因素，提高家政人才培养质量，以期促进家政行业转型升级和正规化发展。

【关 键 词】家政；人才培养；四维一体

【作者简介】徐宏卓，硕士，副研究员，上海开放大学学历教育部副部长、上海市家庭服务业行业协会监事长，主要从事成人学习、家政教育研究。

家政服务业的职业化和正规化离不开从业人员的素质提升，根据上海

---

* 基金项目：江苏省家政学会 2021 年度家政科学研究课题重点立项项目。

开放大学的调查，目前 77.46% 的使用家政服务的家庭认为家政服务人员的能力不足。其中，培训不足、培训效果不住、培训质量参差不齐是直接原因。而其背后的原因是政府、高校、行业协会、家政公司没有形成科学、高质量的人才培养体系。"谁都在参与家政人才培养，但谁都没有做好家政人才培养。"整合资源、分工协作、优势互补、形成合力是家政人才培养体系构建的客观要求。

上海开放大学长期关注家政行业人才培养体系的研究，认为其是促进家政学科发展、提高行业整体水平的重要组成部分。2022 年 8~10 月，上海开放大学承接江苏省家政学会课题，组成课题组，陆续调研了上海市发展和改革委员会、上海市人力资源和社会保障局等多个政府职能部门，上海市妇女联合会、上海市家庭服务业行业协会等社会团体，以及上海较大规模的家政公司等；查阅了相关文献资料；访谈了主要高等教育机构。通过相关的访谈与调查，发现家政行业人才培养的主要问题，发掘了当前及未来家政行业的市场需求，形成了"四维一体"人才培养体系架构，在此架构中形成多层次家政专业课程体系。

一 当前人才培养的主要问题

（一）家政学历教育支持体系不够完善

上海全年家政市场规模超过 300 亿元，从业人员近 50 万人，但与之相对应的教育支持体系不够完善，特别是家政职业教育的学历层次较少、教育机构较少以及教育规模较小。

1. 学历层次较少

目前，上海仅提供专科和本科两个层次的家政学历教育，而从业人员中大部分未能达到专科学历教育的入学要求，对于更为基础的中等职业教育，特别是职后家政中等职业教育目前还是空缺；而在学历教育中，更具研究性、引领性的家政研究生学历教育也是空缺，这对于家政行业高层次人才的培养是非常不利的。

2. 教育机构较少

上海提供家政学历教育的机构仅有上海开放大学和上海震旦职业学院，其中上海开放大学以培养在职在岗从业人员为主，上海震旦职业学院以培养全日制高职学生为主。教育机构少，人才培养的多样性就无法体现，各个高校自身专业特色、研究成果优势就无法与家政人才培养相结合。例如，目前就没有教育机构开展人工智能与家政服务、金融市场与家政服务、家庭教育与家政服务等相关教育。

3. 教育规模较小

上海家政学历教育总规模只有 3000 多人，这与家政行业发展和市场规模是不相称的。规模较小的主要原因包括社会对家政行业存在偏见、学历教育宣传面不够、人才培养与市场需求依然存在差距等。

（二）家政特色人才培养模式尚在建立中

家政行业人才培养的核心是专业人才培养模式的应用性和实践性，这就要求家政专业的人才培养模式和教学设计紧贴职业需求，但现实中家政专业的人才培养模式与其他专业差别不大。

1. 课程体系难以支撑人才培养目标

笔者研究了上海开放大学家政专业的人才培养方案。专科人才培养方案中，没有明确培养什么样的人才，只是笼统地说"培养掌握家政服务专业必备的基础知识和专门知识，掌握从事家政服务与管理以及社会其他公共服务及管理工作的基本技能"。本科阶段提出"培养能够在家政服务机构、社会组织、基层社区从事家政管理服务或高层次的家政服务工作的应用型专门人才"。仅在家政服务机构提供高层次家政服务就是一个非常宏大的目标，而现实的课程体系和培养方式难以达到这样的目标。

2. 人才培养方式缺乏家政特色

家政专业人才培养方式应当突出其鲜明的应用性和实践性。关键是在教学设计中，应该突出实战环境下的能力培养和技能提升。在形成性考核和终结性考核设计中，也应当充分突出家政环境，设计与实际服务紧密结合的课程作业和考核内容，促进实际工作能力的提升。而目前学历教育人才培养方式基本沿用传统知识型专业的方式，即强调知识结构、注重理论讲授，缺乏基于应用场景的教学。特别是职后特色的开放教育，应该充分利用学生的动作场景，科学设计教学形式，发挥工作岗位中学习理论的作用，提高人才培养质量。

（三）家政课程设置缺乏市场需求导向

人才培养，特别是应用型人才培养，归根到底要满足市场和职业的需求。家政专业毫无疑问属于应用型专业，课程设置自然应当以市场需求为导向。而当下的家政市场已经呈现多元化、细分化、综合化的倾向，但专业的课程设置远远没有跟上市场的变化。

1. 传统市场需求的误区

家政市场呈现较为明显的"二八定律"，即80%是基础性服务需求，市场规模大，但服务的利润率不高，仅能满足家政服务员个人生存要求，现代化的管理方式在基础性服务中很难应用；20%为专业化、细分化的服务，顾客的经济承受能力强，愿意为优质服务承担更高的服务价格。传统人才培养将视线集中于80%的基础性服务人员，但此类人员文化素养低、职业倾向弱，对未来也没有长久的期待，即使有培训效果也很难显现。

真正能够代表行业水平的20%的服务，仍然缺乏高质量、实战化、高效率的培训项目。因此，真正期待为市场提供高质量服务的家政公司投入大量资源自行开展培训。但企业的培训又缺乏教育专业性，大多是实践经验的传授，而缺乏对技能背后知识逻辑的归纳整理，其在不同场景下难以融会贯通。

2. 细分市场的培训需求

细分市场有需求，但供给不能很好地满足需求，有以下几个方面的原因。

第一，企业缺乏细分领域培训的提升能力。企业是最了解市场的，也能够很快开发出一定形式的培训项目满足市场需求。但企业不是专业的课程开发者，无法从教育的角度深化课程的内涵，开发技能背后的知识点和体系脉络。企业主要的盈利点还在满足市场后的回报，且企业从事培训缺乏足够的保障机制。

第二，培训机构缺乏细分市场研发动力。目前，家政市场份额大多被私营培训机构占据，私营培训机构着眼于开发能够带来更大经济回报的项目，主要开发受众面大和政府培训费补贴项目，对细分市场缺乏研究，也没有足够动力开发相关培训。

第三，学历教育课程设置尚未覆盖细分领域。家政学历教育的课程设置目前只能覆盖基础性技能，对于细分领域，学校既缺乏足够的重视，又缺少了解市场的教师和专家，对市场需求缺乏足够的敏感度。

（四）家政行业缺乏科学合理的人才评价机制

具有较高信度和效度的人才测评是人才培养的重要保证，也是产业与行业发展成熟的重要标志。目前，家政行业缺乏科学合理的人才评价机制。

1. 现有评价机制效度较低

上海的家政服务业，目前有人社部门认可的培训评价机制。这个机制基本源于原国家职业技能鉴定的模式，采用"理论+技能"的考核方式。客观地说，这是一个"中等信度、低效度"的评价机制。技能考核的内容基本能够达到考核方案设计的要求，但其受到考核现场环境的制约，无法全面还原工作实景，考核内容与服务实际之间仍有很大的差距，因此考核评价的效度较低。

2. 人才评价机制缺失

行业对于从业者能力的评价在不同行业中有不同的体现方式。公务员体系中的行政级别、教育机构中的职称序列、厂矿企业中的职业资格等级等都是人才评价机制的体现。即使在私营部门里，过往经历及岗位都是一种客观可信的人才评价机制。

家政行业目前缺乏类似的评价体系，主要有以下三个方面的原因。第一，资格证书评价休系效度不高。集中休现在受到官方认定的技能等级证书授予的等级与家政从业人员实际技能水平存在较大差距，公众不能简单地从技能等级推断其实际工作能力。第二，市场培训证书名不副实。一些机构，甚至是与家政行业毫无关系的机构，纷纷开发家政培训证书，证书的唯一目的就是求得经济利益，培训过程几乎没有实际价值。第三，行业缺乏对岗位层次的客观共识。不同企业对不同岗位、同种岗位的不同要求的认识是不同的，再加上企业规模、层次差异巨大，造成人才评价只能在企业内部通行，企业之间的通用性较差。

（五）家政学习成果缺乏行业认同共识

因为"证"出多门、含金量存在差异等，家政学习成果在行业中缺乏认同共识，一张高级证书和另外一张金牌证书缺乏可比性和共同性，这导致社会大众对家政人才水平的判定失去了客观依据，必须通过亲自试用才能获得准确的评价，在无形中大大提高了辨识的成本。

1. 缺乏认同共识的原因

笔者认为对学习成果缺乏认同共识的原因主要有以下三个方面。第一，权威标准的缺失。如果形成全行业公认的权威标准，新的学习成果将能够与权威对标，从而获得较为客观的等级。反之，各种学习成果均标榜自己为最佳水平，则会造成标准混乱，降低了所有学习成果的认同度。第二，培训行业逐利现象严重。有部分机构"以次充好"，提供缺乏质量的培训，在证书本身含金量降低的同时，拉低了市场整体上对人才培养的公信力。第三，市场对优质服务缺乏认同度。与成熟行业不同，对什么是高质量的家政服务，市场还未形成统一的认识，往往突出服务的个性化，而降低了对质量普遍性的认识。

2. 缺乏认同共识的后果

市场尚未形成家政人才培养和学习成果的认同共识，造成了家政行业培训低水平重复投入、培养层次偏低且质量不高等后果。第一，培训低水平重复。因为缺乏认同共识，从业人员在参加不同单位主办的培训时都需要从基础级别开始，客观上造成较低层次知识技能重复培训。第二，培养层次无法提高。因为缺乏认同共识，培训单位或者标准开发机构为了抢占生源，首先推出的都是基础性培训内容，而对于建立在基础内容上的专题性、细分领域的培训，则因考虑到需求度和招生难度，较少涉及。

二　新时代家政行业转型

本文研究的并非当下社会环境中家政服务从业人员的能力提升问题，而是新时代在科学技术充分发展的情况下，为满足人民日益增长的美好生活需要所产生的行业需求。笔者认为，目前的家政服务业存在自身无法克服的矛盾，但新技术的应用能够促使家政业发生重大转型。

（一）传统家政服务行业发展与人才供给面临困境

家政服务是城市居民不可或缺的基础性民生服务，长久以来家政服务业的扩张主要靠简单的劳动力资源投入，这种模式随着社会的发展已经越来越难以维系。主要存在以下几方面的原因。第一，供给端：劳动力供给日益减少。随着地区间经济发展均衡度不断提高，劳动力跨地区就业的比例不断降低，低端服务业更早受到冲击；劳动力素质难以提高，家政服务经过20多年的职业培训，总体水平未见明显提高，根本原因在于职业偏见难以吸引高素质人才加入。第二，需求端：服务需求量不断增加。仅从居民需求意愿而言，老龄化社会、高节奏生活、优生优育等社会现状需要更多的家政服务；服务品质要求不断提高，居民对服务的期待不断提高，需要家政服务从业人员掌握更多的知识、更娴熟的技巧，能够应对服务中出现的突发情况。

当下的家政服务市场存在四对主要矛盾，第一，服务需求量增加与劳动力供给减少的矛盾；第二，服务个性化要求与服务人员低素养的矛盾；第三，家庭有限的经济承受能力与服务价格不断攀升的矛盾；第四，行业投入要素单一与服务产业化、规模化的矛盾。因此，现有服务模式难以为继，要满足人民群众日益增长的生活服务需求，必然要发生服务模式、服务形态、产业结构的变化。

（二）数字化转型为家政行业提质增效注入发展新动能

"十四五"时期是我国经济由高速增长向高质量发展迈进的重要阶段，也是家政服务业提质扩容、转型升级的重要时期。国家发改委、商务部印发了《促进家政服务业提质扩容 2022 年工作要点》，提出"强化科学技术蓄势增能作用，大力推进家政行业数字化发展"。

根据《上海市国民经济和社会发展第十四个五年规划和二〇三五年远景目标纲要》《上海市全面推进城市数字化转型"十四五"规划》，2020年起，上海市政府大力开展城市数字化转型工作，将整体性转变、全方位赋能、革命性重塑设置为转型愿景，正在开展千行百业的数字化升级，以最终实现治理数字化、生活数字化和经济数字化。

随着人工智能、云计算、大数据、物联网、5G 技术等高新技术逐步服务于民生领域和家庭场景，家政行业和家庭服务场景中正涌现出一系列科技赋能家政服务升级的新型产品、解决方案和服务模式，以更高效率、更低成本、精细化、安全可靠地满足市场和用户的需求，同时优化企业内部的管理流程，有效提升经营管理的效益。一些典型的智慧家政服务形态包括但不限于家政行业监管服务系统、家政服务 O2O 平台、家庭服务智能设备等。

1. 家政行业监管服务系统

国内发达地区的政府部门也开始尝试通过互联网平台统筹家政服务机构、家政服务从业人员、社会、政府四侧，搭建相关场景应用，一站式满足家政机构招好员工、从业人员学好技能、消费家庭找好服务、政府部门管好行业发展的多方需求。

2. 家政服务 O2O 平台

家政服务从业人员供给平台开始以"互联网+家庭生活服务"创新模

式为核心，通过销售、交付与售后一体化的服务流程信息系统，实现营销推广、服务匹配、下单支付、上门履约、售后保障等环节的效率提升。如通过精准的地域、区域划分，对服务从业人员进行地址坐标、服务时间及服务技能匹配，开展智能匹配和自动派单，提升服务效率；结合服务从业人员服务评分体系，追踪服务效果，提供安全透明的评价记录，提升客户的整体满意度。

3. 家庭服务智能设备

借助人工智能领域的智能语音交互、计算机视觉、自动化等技术和 5G 网络与物联网带来的万物智联系统，各类智能软件、设备、服务机器人等开始深入家庭场景，重复性劳动、低智力要求劳动甚至是高频次监测和分析的人工工作正在逐步被机器替代，如智能设备代替人力开展清洁和家务工作（如扫地机器人、智能烹饪设备、智能音箱等智能家居设备），人员监测、照护、陪伴（聚焦老人、病人、儿童的智能手环，互动机器人实现数据监控、分析、报警等）。

这些产品和应用正在逐步解决服务需求量增加与劳动力供给减少的矛盾，服务个性化要求与服务人员低素养的矛盾，家庭有限的经济承受能力与服务价格不断攀升的矛盾，以及行业投入要素单一与服务产业化、规模化的矛盾，带来家庭服务的新体验。

三　新时代家政人才新需求

新时代下，家政行业需要怎样的人才？笔者研究的是即将到来的家政产业中提供高质量服务的家政管理人才和服务人才，主要包括家政产品设计人员、家政行业经营管理人员、家政服务评估及设计人员、家政服务操作人员。

（一）家政服务新场景

即将到来的家政服务会是怎样？还是如同现在的"人对人"式的个性

化服务吗？笔者访谈了行业管理者和行业专家，特别是与信息技术专家、人工智能专家、风险投资人对谈后，获得了未来家政服务的应用场景描述。

1. 重复性、基础性劳动由机器代替

人力成本上涨导致的直接后果就是部分劳动从人力转为机器，曾经被认为完全个性化的家政服务业出现了分化，其中部分重复性、基础性的劳动由机器或者部分由机器承担。首先从人力中解脱的家政服务可能包括家庭烹饪、保洁服务等，目前市场上已经出现了许多提供类似服务的产品，尽管其服务效果还不能完全让人满意。未来，大量机械化产品将在生活中应用以代替价格日益高涨的人力。

2. 复杂性、情感性服务远程操控

家政服务是对人的服务，因此必然存在较多个性化的内容，这就决定了机器无法完全替代人，特别是复杂和需要情感交流的服务内容。5G 技术的应用以及 10 毫秒内的应答反应使得医学上的远程手术成为可能。家政服务从业人员将能够脱离家庭环境，实现远程、互动的操控服务。

3. 预设服务与呼叫应答并行

为了提供更优质的服务体验和更高效的服务效果，未来家政服务中自适应服务和远程操控服务是相互补充的。当服务启动后，正常服务中机器根据预设服务项目自适应开展服务，当遇到机器自身服务无法实现，或者需要人工参与才能获得更好的效果，或者服务对象主动呼叫时，即刻转为远程交流和人工操控服务。

（二）家政人才新需求

1. 家政产品设计人员

在调研中笔者认识到，目前市场上家政产品之所以没有更大范围地普及使用，不是因为技术上无法达到要求，主要是因为设计上没有紧贴用户需求以及个性化产品带来的高成本。目前，家政服务产品设计领域面临着懂家政的员工不懂技术、懂技术的员工不懂家政的困境。一方面，传统家政从业人员极易高估或低估技术的能力和边界，或是提出天马行空、不切实际的产品需求，或是思维固化不理解技术带来的行业改变；另一方面，技术人员缺乏行业经验和需求敏感度，或是难以发现业务革新机会，或是容易机械地照搬其他行业与场景的方案和路径，造成水土不服。

家政产品制造企业需要大量既具有家政学意识、了解家政行业需求，又具备信息技术应用能力的"业务+技术"复合型人才，实现跨界融合、相互协同。

2. 家政行业经营管理人员

目前家政行业管理人员的 60% 左右来自家政服务人员，他们了解低端的家政服务，但是没有专业性可言，也缺乏科学的管理能力、信息化条件下的经营能力。

数字化转型背景下的家政服务市场需要大量既掌握家政服务技能，又具备人工智能、大数据技术应用能力，并具备现代经营管理能力的新时代家政行业经营管理人员。保守估计上海家政经营管理人员超过 5000 人，对经营管理人员的需求量非常大。

3. 家政服务评估及设计人员

当下家政服务过程中缺少的重要一环就是家政服务评估，对家庭的真实需求与家政从业人员能够提供的服务之间的匹配程度缺乏足够的重视，这也是导致目前家政服务不够令人满意的主要原因。数字化转型背景下的家政服务，是机器设备与服务人员共同配合的服务，在降低人力投入的同时对设备的依赖度更高，更需要全面了解家庭的需求从而选择更合适的服务设备，做出科学合理的参数设置。因此该行业对家政服务评估人员及服务过程中的参数设计人员具有很大的需求量。

4. 家政服务操作人员

现在家政服务人员中一批年轻、学习能力强、具备互联思维的家政服务人员，未来将转变为新模式下的远程家政服务的操作人员、家政服务机器人设备的维护保养人员。这个群体将构成未来家政服务行业的主力军，其岗位成为吸纳就业人数最多的工作岗位。组织化程度更高的工作模式也有利于行业的职业化，能够实现正规就业。家政服务操作人员未来需要参加大专、本科层次的教育提升，增加互联网知识储备，增强远程家政服务操控能力。

四 构建家政行业人才培养新体系

家政服务业正在发生结构性变化，传统以人力投入为唯一要素的产业模式将发生重大变化。产业变化倒逼人才培养体系的转变。未雨绸缪，适应即将到来的家政新业态，各相关领域都应做好准备，构建家政行业人才培养体系。家政产业链总体包括以下四个部分（见图1）。

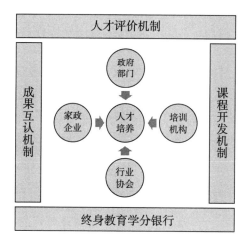

图1 "四维一体"家政人才培养新体系

（一）政府部门

政府作为国家管理的执法机关，依法对国家政治、经济和社会公共事务进行管理。政府部门在家政人才培养体系中的定位是政策制定者和资源供给者，主要体现在其经济、文化和社会职能上。

1. 履行市场监督，体现经济职能

政府应当从社会经济生活宏观的角度，履行对国民经济进行全局性规划、协调、服务、监督的职能。自 2017 年起，政府不断退出家政技能培训领域，其主要目标是简政放权，削减非必要的职业准入。政策目标清晰、市场作用明显，但同时也带来了"次生灾害"，职业资格证书退出后造成的"权威真空"给无数缺乏含金量的培训和证书带来了可乘之机，而普通民众没有科学辨识的能力，客观上造成了人才培养市场的混乱。

笔者认为，政府部门，主要是人力资源部门和教育管理部门，应当切实履行市场监督的经济职能，在放开培训（证书）市场的同时，牢牢掌握培训（证书）的评价权，制定技能培训标准以作为各类培训（证书）质量的参照坐标，科学确定培训内容和技能等级。英联邦国家及地区广泛推行的"资历框架"就体现了这一职能。

2. 支持教育转型，体现文化职能

前文已经论述，目前以简单人力投入的家政服务业态是难以持续的，"数字化转型"与"技术加持"将成为家政行业发展的必然趋势。那么，政府应当未雨绸缪、提前行动，支持家政教育转型。

笔者认为，政府对于家政教育的支持应当体现在学术性和职业性两个方面。学术性支持就是为相关高校开展家政转型研究提供经费和政策支持，开辟"家政+"的研究新领域，例如研究家庭服务设备的"家政+信息化""家政+自动化""家政+机械"，研究家政培训的"家政+教育技术"等。职业性支持就是鼓励职业院校更多地开设家政相关专业，一方面是鼓励高校开展职后家政学历教育，吸收在职家政服务人员以提高其学历；另一方面鼓励高校开设更多家政相关专业，例如社区营养、智慧家居生活等。

3. 开放服务市场，体现社会职能

政府承担着调节社会分配和组织社会保障的职能，特别是基层政府和派出机构，承担着大量对特定对象的社会服务，目前大部分采用"设立特定机构"的方式提供服务，这一方式效率低、效果差，对行业带动效应弱。笔者建议采用开放服务市场，通过市场竞标的方式由若干家公司承担服务项目，定期评估，末位淘汰。通过开放公益类服务市场，向家政服务机构推行政府认可的服务质量标准及人员培训标准，间接推动人才培养质量的提升。

目前提供资源的补贴培训，仅面向培训机构。而家政服务机构是最直接、最有效的培训主体，他们直接提供服务，能够根据市场需求、家政服务人员存在的问题立即调整培训内容，迅速落实。但家政服务机构小而散的现状及逐利性的特点，又限制着其培训的开展。笔者也建议政府部门通过信息化的监管方式，在保障培训质量的同时，面向家政服务机构开放培训市场。

（二）家政企业

家政企业是市场服务的主体，也是从业人员技能提升的重要平台。

1. 传统培训模式的欠缺

传统认为，专业的人做专业的事，企业专注于服务，培训职能交给专业的培训机构。这种模式的前提是能根据行业需求和职业问题做到及时调整，并体现在培训内容中，但实际几乎是不可能的。所有的培训机构都有稳定的教学大纲和培训目标，很难做到及时调整，这也是市场对培训质量不满的主要原因。

企业对于行业需求和职业问题是最敏感的，也是最有动力以之为根据调整培训内容的。但家政企业对教学原理是陌生的，可能存在"茶壶煮饺子——倒不出"的窘境。另外，"小散乱"的企业现状，让市场和社会不得不担心家政企业参与培训的"牟利性"动机，培训资源投入不少，但培训效果可能还不如培训机构。

2. 人才培养体系中企业功能的实现

笔者认为，应当正视家政企业在人才培养体系中的积极作用，同时充分利用政府调节、行业监管、市场法则，促进人才培养体系的构建，发挥家政企业的积极性。

第一，定位。笔者认为家政企业在人才培养体系中的定位应该是"重要补充"，也就是经过基础性培训，在日常服务过程中的再培训和再提高。

这能够充分发挥家政企业的优势及规避不足。

第二，形式。家政企业开展培训，应当采用个性化的形式。因为家政服务人员遇到的问题是千差万别的，因此培训的内容和方式也应该是有针对性的。

第三，投入。家政企业开展培训的投入主要包括场地、设备、人力，其中最重要的是人力投入，这应当充分化解在家政机构的日常运用中。

第四，资源。家政企业开展培训的资源可以来源于三个方面：家政企业经营管理的投入、家政服务人员缴纳管理费的提取、政府部门教育附加的支出。

第五，监管。笔者认为市场化的运作不应当采用行政监管的方式，既然主要资源的来源是家政企业和家政服务人员，那么就应让市场规则发挥主要的监管作用，优胜劣汰。

（三）培训机构

个人能力提高的途径有很多，如生活中的长辈传递、工作中的同事帮助、学校里的老师教诲等。如果仅从培养效率来说，培训机构无疑是最高的。家政服务产业链中，培训机构是重要的组成部分，其中又分为短期技能培训和学历教育。

1. 短期技能培训

家政技能补贴培训一度规模极大，年培训量超过 5 万人次，远远超过市场的实际需求。但面对职业资格的取消和补贴政策的收紧，政府补贴培训的投入大量减少，家政技能补贴培训转向营利性机构开发的证书培训。此类培训的特点是收费高、时间短、含金量低，但由于信息不对称，客户对此并不知情，因此依然有一定的市场，但随着时间的推移，营利性机构开发的培训证书难度越来越大。

（1）短期技能培训的定位。

与家政企业和学历教育在人才培养体系中"补充性定位"不同，培训机构是人才培养体系中的重要力量，发挥着关键的和不可替代的作用。

（2）短期技能培训的功能。

笔者与政府管理部门、培训机构、企业做深入访谈，查阅相关文献资料，认为培训机构主要应承担培训证书开发及培训项目实施两大功能，具体可以包括以下四个项目。

第一，培训证书开发。基于目前市场乱象，笔者不认同由营利性机构开发培训证书的模式，培训证书应当由培训机构根据行业协会公布的技能标准自主开发，由政府（或委托部门）进行监管。所开发的证书向家政机构推广，机构推荐家政服务人员参加学习。

第二，新入职培训。对于尚未从事家政服务业的人员，培训机构可根据行业协会的指导意见，在政府部门的支持下开展新入职培训。此类培训以基础性、通识性知识技能为主，主要让新入职家政服务人员尽快了解家政服务岗位，掌握基本的服务技巧。

第三，专项能力培训。家政服务中包含着许多专项能力证书，其中不乏一些市场价格较高的专项能力。这些专项能力在一定期限内的知识技能内涵是稳定的，适合整合成专项培训。

第四，等级提升培训。培训机构可以根据行业协会颁布的技能等级标准，开发相应的等级培训，对有提高技能等级需求的家政服务人员进行等级培训。

（3）短期技能培训资源的筹集。

过去，培训机构主要依靠政府补贴培训，虽然规模很大，但是质量堪忧，且存在大量低层次的重复培训，浪费了大量培训资源。

笔者认为机构培训的资源筹措主要有两个渠道：第一，政府补贴培训，政府应当发挥基础性保障作用，确保服务民众的基本服务质量。因此，为新入职培训提供全额补贴，每人仅限一次；对于等级提升培训，提供一半甚至更少的补贴，鼓励从业人员提高技能。第二，专项自动培训应当发挥市场导向作用，由受训者付费，这有利于促进专项自动的适用性，提高培训质量。

2. 学历教育

学历教育主要是指以职业为导向、以获得学历为目标的中等、高等职业教育。

（1）学历教育的定位。

学历教育首先是国民教育序列的组成部分，在关注职业能力和专业技能提升的同时，更关注作为现代人的国民素质、人文素养、学习能力、创新精神的综合能力提高。因此笔者认为，综合学历教育部门和家政职业的未来发展，当下的学历教育不应该成为培养一线家政从业人员、提高一线从业人员能力的平台，而是应当放眼未来，培养促进家政服务业转型发展、具备现代服务能力的从业人员。

（2）学历教育的重点。

第一，职后教育应当深化专业内涵。目前的家政行业从业人员基数庞大，其中少部分综合素质较强、具有一定基础学历的从业人员具有提高学历的客观需求。因此，职后的家政学历教育具有较大的市场。职后教育应当避免与职业培训同质化，笔者反对将学历教育过度"培训项目化"。应当注重专业的内涵发展，提高学生的综合素养和学习能力，让学生能够在工作岗位上自我成长，适应现代学习型社会的需求。

第二，职前教育应当开发专业领域。职前教育又称全日制教育，是学历教育最主要的形式，但长久以来因为职业偏见，职前教育的规模始终无法扩大，开办高校的数量也相对较少。笔者认为基于当下的社会现状，开办以"家政"为名的学历教育难度较大。建议职前学历教育开发与家庭服务、家庭生活相关的专业领域，例如智慧家庭、家庭生活设备开发等。通过科技手段为家庭提供更优质的家政服务。

第三，家政专业应当提升专业层次。目前，家政专业的学历层次以专科为主，有少量本科，极少数高校开展研究生教育，对产业的转型发展缺乏引导。笔者建议发挥专业融合优势，研究家政学与其他专业的交叉领域，开辟新的发展空间。

（四）行业协会

行业协会是介于政府和企业之间，为家政企业、从业人员、家庭提供咨询、沟通、监督、公正、自律、协调等服务的社会中介组织。行业协会是一种民间组织，它不属于政府的管理机构，而是政府与企业的桥梁和纽带。

1. 定位

在"四维一体"家政人才培养体系中，行业协会的定位是为人才培养体系制定符合社会需求的质量标准，为人才培养体系争取更多的社会资源。

2. 功能

在"四维一体"的人才培养体系中，行业协会主要发挥制定质量标准、监管培养质量、争取社会资源三个功能。

第一，制定质量标准。行业协会广泛接触家政机构和家政服务人员，能够收集最新的社会需求、了解最受欢迎的服务方式，能够调动社会智力资源开展标准制定和修订工作。

第二，监管培养质量。正如前文所述，评价培训机构的证书能够达到什么等级、培训的质量是否符合要求应该成为政府授权下行业协会的主要任务。行业协会完全有能力聘请相关专家开展质量评价工作。

第三，争取社会资源。社会资源包括政府提供的补贴资源以及公益性机构提供的捐助资源，个人和企业的力量是非常小的，通过行业协会，可整合行业需求，为家政行业从业人员的能力提升争取更多的社会支持。

五　运行机制

家政行业人才培养体系的运行，依托终身教育学分银行基础上的三大机制——课程开发机制、人才评价机制、成果互认机制——的发挥。

（一）课程开发机制

目前家政行业人才培养出现的种种问题，很大原因在于缺乏质量高、实用性强的培训课程。笔者经过大量研究，梳理确认了三个层面的课程开发机制。

1. 学历教育课程开发

学历教育课程的开发应当坚持公益属性、素质导向、发展视角和"理论架构+特定技能"。举办家政学历教育，无论职前教育还是职后教育，都应当坚持公益属性，教育主管部门应当按照生均经费给予足够的拨款，学生只按照物价部门核定标准支付学费。课程体系应当坚持素质导向和发展视角，学历教育不应仅仅将职业技能作为培养目标，而应坚持综合素养的提升；同时也不能拘泥于当下的行业现状，而是要培养学生发展眼光和批判性视角，审视当下的不足，对未来的发展提出自己的想法。学历教育不是技能培训，在学习过程中必须建构一定的理论体系，这将成为未来职业发展的基础。

2. 专项类培训课程开发

专项类培训课程开发应当坚持市场属性、能力为本、实用导向、理论迭代及技能优先。市场属性即项目由市场需求决定，培训成本由受益人承担，政府和行业协会需要监控的是技能证书的普遍权威性，防止个别机构因滥用发证权而导致社会大众对证书失去信心。专项类培训课程应当突出能力为本和实用导向，都是为了突出专项培训能够满足当下社会需求，社会需要什么技能就开发什么培训。培训过程应当基于理论迭代和技能优先，专注于解决工作中的实际问题。

3. 基础性技能培训开发

基础性技能培训坚持公益属性、基础技能和就业导向。技能培训应该是政府基于社会公益，稳定就业岗位和为社区提供基本公共服务的出发点。因此，必须坚持公益属性，原则上由政府根据一定原则购买机构提供的培训服务；而培训的内容一定是能够满足大多数家庭需求的基础性技能，这些家庭需求也是维持社会稳定的重要因素；政府提供基础技能培训，在满足社会对家政服务需求的同时，还能够增加就业岗位，促进就业的稳定。

（二）人才评价机制

"四维一体"家政人才培养体系客观上需要公正可信的人才评价机制，这正是目前家政行业急需的。

1. 建立行业标准

标准有很多，从上到下包括国家标准、地方标准、行业标准、企业标准。就家政行业而言，中国地大物博，各地区生活方式和习惯差异巨大，很难有一套覆盖全国的国家标准。因此，地方标准和行业标准就显得尤为重要。

目前，需要尽快建立以城市为单位的地方标准或者行业标准，标准应该尽可能多地覆盖家政行业各个工种，确定各个等级，地方标准和行业标准的价值在于提供一套评价体系，为各类培训证书提供对标，以确定各类证书的技能水平。

2. 开展技能等级测评

长期以来，技能测评往往与技能培训捆绑在一起，给市场一种错觉——先有培训后有测评，这样的认知并不利于人才培养。应当在建立标准的基础上，鼓励行业从业人员开展各个领域的技能等级测评，根据测评的结果，鼓励从业人员参加各类技能专项培训，只有这样才能不断提高从业人员的技术水平。

（三）成果互认机制

当下，家政行业市场化的各类培训可谓纷繁复杂，有些培训徒有虚名，没有什么实际价值；也有些培训富有内涵，对技能要求较高。即使是有内涵的培训和证书，不同证书之间几乎无法互认。这也在客观上造成了重复培训，培训层次无法提高。

笔者建议尽快建立以行业标准为基础的成果互认机制，可以参考上海终身教育资历框架，对学习者从不同渠道获得的学习成果给予科学、公正的认定，促进各级各类教育与培训成果之间，以及教育与劳动领域之间、教育与生活领域之间各类学习成果的沟通与衔接，拓宽人才成长通道，建立终身学习立交桥（见图2）。

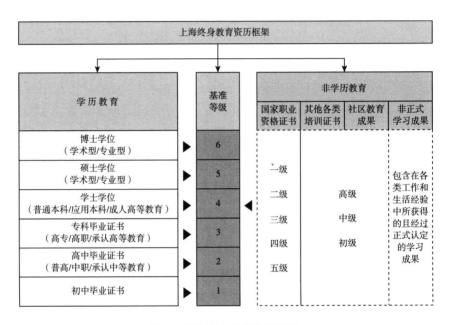

图 2 上海终身教育资历框架

六 结语

"四维一体"家政人才培养体系的本质是期待政府、企业、培训机构、行业协会各司其职，不缺位也不越位，重视家政行业市场化和公益性的双重属性，充分利用市场规律调动一切积极因素，提高家政人才培养质量，促进家政行业的正规化和职业化。当然，这样的成果不可能一蹴而就。但面对已经到来的新时代、新经济，各方面都应当行动起来，即使做出微小调整和改进，都将对整个行业的发展做出积极贡献。

（编辑：李敬儒）

A Four-pronged Approach to Constructing Home Economics Personnel Cultivation System

XU Hongzhuo

（Department of Degree Education, Shanghai Open University,
Shanghai 200433, China）

Abstract：For a long time, the public's dissatisfaction with the quality of home service industry is often attributed to disqualified personnel and poor personnel cultivation quality, which further targets at cultivation institutions such as schools. The cultivation of home service personnel is a systematic project, especially when home economics industry is facing business mode transformation in the context of new mode and new technology, hoping to get more support from universities. The four-pronged mode for the cultivation of home economics personnel requires the government, enterprises, schools and trade associations to perform their respective duties and mobilize all positive factors making full use of the market rules, hence improving the home economics personnel cultivation quality, so as to promote the transformation, upgrading and standardized development of home service industry.

Keywords：Home Economics；Personnel Cultivation；A Four-pronged Approach

OBE 教育理念下家政学专业人才培养模式的构建与实施[*]

冯玉珠

（河北师范大学家政学院，河北石家庄 050024）

【摘　　要】随着人民生活水平不断提高，家政社会化进程加快，开设家政学专业的高校不断增多。有关高校对家政学专业的人才培养模式进行了有益探索，并取得了一定成绩，但在办学过程中仍存在培养目标定位不清晰、课程体系不健全、师资力量不强、产教融合不深入等问题。基于成果导向教育（OBE）理念，以学生的学习成果为导向设计培养目标体系，做好顶层设计；以教师为主导，以学生为中心，精准实施、持续改进教学方案，创新家政学人才培养模式，有助于深化家政学专业教育教学改革，推进一流专业建设，为社会培养具有创新精神和实践能力的家政学人才。

【关 键 词】家政学专业；人才培养模式；OBE 理念

【作者简介】冯玉珠，河北师范大学家政学院教授、硕士生导师，河北省家政学会副理事长兼秘书长，主要从事家政学、饮食文化和美食旅游研究。

---

* 河北省教育厅 2019~2020 年度河北省高等教育教学改革研究与实践项目"基于 OBE 理念的我国家政学专业人才培养模式研究"（项目编号：2019GJJG135）。

一　研究缘起

在我国，家政学专业属于普通高等学校本科专业目录中法学门类社会学专业类的一个特设本科专业。该专业在我国的发展经历了一个比较曲折的过程。早在民国时期，河北师范大学的前身之一河北女子师范学院以及燕京大学、岭南大学、辅仁大学、金陵女子文理学院等多所高校就曾设有家政系，开设家政学专业。但在 20 世纪 50 年代初高校院系调整时，由于种种原因，家政学专业在我国大陆地区或被撤销或被合并、分解为其他专业，一度处于停顿状态。21 世纪以来，随着改革开放的深入、人民生活水平的提高，家政社会化服务进程加快，家政学专业又悄然兴起。2003 年，吉林农业大学率先开始招收家政学 4 年制本科生。之后，天津师范大学、北京师范大学珠海教育园区（现北京师范大学珠海分校，该校 2003 年曾在教育学专业下设家政学方向）、聊城大学东昌学院等院校陆续开设家政学专业。2012 年，教育部把家政学专业作为特设专业列入《普通高等学校本科专业目录》，但全国开设家政学专业的高校屈指可数（见表 1）。2019 年，国务院办公厅印发《关于促进家政服务业提质扩容的意见》（国办发〔2019〕30 号），要求"原则上每个省份至少有 1 所本科高校开设家政服务相关专业，扩大招生规模"；教育部办公厅等七部门发布《关于教育支持社会服务产业发展提高紧缺人才培养培训质量的意见》（教职成厅〔2019〕3 号）鼓励引导普通本科高校主动适应社会服务产业发展需要，设置家政学等相关专业。至此，一个开设家政学专业的小高潮出现。2019 年度通过教育部备案新设家政学专业的高校有 8 所，2020 年度有 6 所，2021 年度却只有 1 所，到了 2022 年度则没有高校再申报新增家政学专业。截至 2021 年，经教育部审批和备案开设家政学专业的普通高校有 24 所（见表 1），其中包含部分未招生的院校。

从 2003 年至 2021 年，我国家政学专业建设取得了一定成绩，为社会培养了一批具有创新精神和实践能力的家政学专业人才，但总体发展缓慢，规模偏小，人才培养模式仍存在很多不足和需要改进之处。

表 1　教育部普通高等学校家政学专业审批（备案）时间一览

年度	院校名称	所属省份	备注
2003	吉林农业大学	吉林	
2004	天津师范大学	天津	2016 年家政学专业已经停止招生
2006	北京师范大学珠海分校	广东	该校 2003 年曾在教育学专业下设家政学方向，2015 级本科生教学计划中取消了家政学专业
2009	聊城大学东昌学院	山东	
2012	湖南女子学院	湖南	
2015	安徽三联学院	安徽	
	安徽师范大学皖江学院	安徽	
2017	郑州商学院	河南	
2018	河北师范大学	河北	
2019	山西工商学院	山西	
	太原师范学院	山西	
	泰山学院	山东	
	贵州财经大学商务学院	贵州	
	河南牧业经济学院	河南	
	郑州师范学院	河南	
	江西师范大学科学技术学院	江西	
	南昌工学院	江西	
2020	哈尔滨商业大学	黑龙江	
	齐齐哈尔医学院	黑龙江	
	攀枝花学院	四川	
	浙江树人大学	浙江	
	福建技术师范学院	福建	
	昌吉学院	新疆	
2021	无锡太湖学院	江苏	

资料来源：笔者根据教育部官网和相关高校官网信息整理。

二 目前家政学专业人才培养模式存在的问题

人才培养模式是指培养主体为了实现特定的人才培养目标，在一定的教育理念指导和一定的培养制度保障下设计的，由若干要素构成的具有系统性、目的性、中介性、开放性、多样性与可仿效性等特征的有关人才培养过程的理论模型与操作模式。[①] 它包含教育理念、教育目标、课程体系、教学方法、教学手段、教学组织方法等基本要素。任何专业的人才培养都有一定的模式，家政学专业也不例外。有关专家学者曾对家政学专业的"职业能力培养模式""拔尖创新人才培养模式""开放式人才培养模式""校企结合人才培养模式"等进行了探索，但当前的家政学专业人才培养模式仍存在一些值得关注的问题。

（一）人才培养目标定位不清晰

人才培养目标的定位对高校家政学专业建设具有导向作用，只有明确了培养目标，才能更科学合理地设计培养方案、课程体系和教学内容。从笔者所了解的部分高校家政学专业的培养目标看（见表2），特色不明显，定位过于宽泛，同质化现象较为普遍，未能在培养研究型、教学型、管理型、技能型等人才之间做出理性的选择和较为清晰的判断。[②]

表 2　部分高校家政学专业培养目标

院校	培养目标
F 学院	本专业培养具有坚定的理想信念、良好的职业道德、扎实的家政学理论知识和专业技能，熟悉社会学、管理学、经济学和教育学等相关学科知识，掌握教师职业技能，能够在中等职业学校从事家政类专业的教学与科研工作，或在相关领域从事家政服务、培训与管理的新时代高素质专业化应用型人才

[①] 董泽芳：《理念与追求：大学发展的思考与探索》，华中师范大学出版社，2018，第429页。

[②] 胡艺华：《本科院校举办家政学专业的思考》，《中国高教研究》2013年第1期。

院校	培养目标
H 学院	培养德、智、体、美、劳全面发展，坚持正确政治方向，具有"自尊、自信、自立、自强"精神、创新创业意识、社会责任感和传统美德，系统掌握家政学基础知识、基础理论和基本技能，具有良好的综合素质、家政职业精神，具备提升家庭建设与管理的能力，能在家政企业、学校等组织从事管理、教育（培训）的应用型高素质女性人才
J 学院	本专业适应国家家庭服务业和康养产业升级对人才的需求，旨在培养德才兼备，具有深厚文化底蕴和国际视野、扎实的家政学专业知识和实践能力，将家政学理论与职业发展有效结合，具有较强的创新能力，有为提高全民生活质量提供指导的实际操作能力，胜任现代家政与养老产业、家政教育推广、企事业单位等领域的高素质应用型人才
L 学院	主要培养掌握家政学基本理论知识，具备一定的家政行业管理与培训能力，掌握相关家庭服务的技能与方法，能在家政教育、产业、科研及社区服务等领域从事管理、培训及科研工作的应用型高级专门人才
M 学院	本专业培养德、智、体、美、劳全面发展，适应社会服务产业发展需要和人们对更高质量生活的需求，具有科学生活理念、崇高理想信念和良好职业道德品质，掌握系统的家政学专业基础知识和较广博的人文社会科学知识，具备较强的创新创业精神和家政管理与服务能力，能在家政企业、政府机关、社区、学校等从事家政企业运营管理、家庭生活教育指导、家政培训和研究、高端家政服务等与提高全民家庭生活质量相关工作的高素质复合型、应用型专门人才
T 学院	培养掌握社会学和家政学基本理论，掌握家庭和婚姻的基础知识，具备一定的服务家庭生活的技能，具备家政服务业的市场策划能力和管理能力，并能考取家庭服务业技能资格证书，能够在婚姻中介、婚礼策划与组织、婚姻家庭咨询、母婴护理、家政服务、养老、社区以及家政培训等社会服务相关领域从事经营和管理的应用型人才

资料来源：笔者根据相关高校官网资料整理。

（二）课程体系存在拼凑化现象

家政学是一个多学科交叉融合的专业，但并不是"一箩筐，什么都可往里装"。盲目求新、求多、求全、求热门，只能使教学质量停留在较低层次。如有的院校家政学专业开设的课程有"生活美学""休闲生活规划""家庭生活与健康""智慧生活实务""家庭生活教育方案设计与实践""个人形象管理与塑造""智慧生活实务"，还有"茶艺""收纳""保洁""烘焙""西餐""红酒""烹饪""营养配餐""婴幼儿照护""老年护理""家政教学技能""家居生活手作""服装裁剪与制作""手工印染"等，好像要将学生培养成"万金油"式的"全能技工"。

（三）师资力量不足，导师制不健全

自 2019 年国务院"家政 36 条"颁布以来，开设家政学专业的高校不断增多，但高水平家政学专业师资明显不足。专业教师只有"七八条枪"，且存在专业背景不合理、知识结构老化等现象。一些教师缺乏对家政学学科、家政学专业以及家政行业的了解，也缺乏家政服务行业的工作经验，这在一定程度上影响了家政学专业人才培养的质量。为了弥补校内教师不足的问题，一些高校聘请了校外导师，有的高校还实施"双导师制"，即学校为学生在校内安排"学业导师"，在校外聘请"行业导师"，但忽视导师制的制度建设，缺乏有效的考核与激励机制，致使学生与导师相互联系少，导师指导不够深入，没有针对性地帮助学生解决课程选择、专业学习、创新创业就业和学业发展等方面的问题，导师制成了"鸡肋"，成了摆设。

（四）产教融合不够深入，缺乏长效机制

在当前形势下，家政学专业的开设主要是为家政服务业提质扩容，家政学专业实际上属于一个应用型专业，所以实施产教融合意义重大。目前全国已有 26 个省（自治区、直辖市）的 131 个家政企业入选本地产教融合型企业建设培育库。[①] 但一些省级行政区域内的产教融合型家政企业凤毛麟角，校企合作的内容简单、层次不深，缺乏整体规划，政策实施乏力，协同育人目标难以实现。比如，有些院校平时与家政企业联系不紧密，校外实践基地不能满足学生的实习条件和科研目的，学生只是进行浅层次的见习或实习，核心岗位、管理岗位没有让学生参与；主动参与产教融合的企业数量较少，积极性不高，动力不足，"剃头挑子一头热"；一些地方政府缺失产教融合联结职能，致使校企沟通渠道不通畅。

---

① 国家发展改革委社司司：《131 个家政企业入选各省（区、市）产教融合型企业建设培育库》，https://www.ndrc.gov.cn。

（五）培养过程管理及评价制度不完善

培养过程管理是实现人才培养的科学化、有序化、规范化，提高人才培养质量的必然要求。评价的目的是反馈和调控教师教学和学生学习，促使培养过程持续改进。在家政学专业人才培养过程中，有些院校疏于过程管理，缺少相应的过程性评价，或者即使制定了相关的规范，但执行力度不够，评价目的功利化，没有按照预设的学习成果目标进行评价，造成学生学习最终的目的只是通过考试，忽视了学习的过程性评价和发展性评价，也影响了人才培养的质量。

三 基于 OBE 理念的家政学专业人才培养模式构建

OBE（Outcomes-based Education）理念是一种以学生学习成果为导向的教育理念，由美国学者斯派帝（W. D. Spady）等人于 1981 年率先提出。OBE 理念包含"学生中心""成果导向""持续改进"三大核心要素，其中"学生中心"是宗旨，"成果导向"是要求，"持续改进"是机制。[1] 特色是"逆向设计""正向实施"。所谓"逆向设计"是指以社会需求为依据，依次设计专业培养目标（学习最终成果）→毕业要求（毕业生质量标准）→课程体系→课程标准（教学大纲）→教学活动；所谓"正向实施"就是按预设目标成果，从入学开始按照时间推进，对学生实施各项教学活动→测评学生学习成果→达成毕业要求→实现专业培养目标。

OBE 理念一经产生，就获得了广泛的重视和应用，实践范围覆盖了从幼儿园教育到高中教育、从基础教育到高等教育，[2] 现已成为世界上许多国家教育改革的主流理念，被认为是追求卓越教育的正确方向。[3] 自 2016

---

① 张庆新、于晓燕、丁会利、瞿雄伟：《基于工程教育认证标准的高分子材料与工程专业实践教学体系改革与探索》，《胶体与聚合物》2020 年第 3 期。
② 吴智泉：《美国高等院校学生学习成果评价研究》，知识产权出版社，2019，第 70 页。
③ 李志义、袁德成、汪滢、金志浩、于三三：《"113"应用型人才培养体系改革》，《中国大学教学》2018 年第 3 期。

年我国成为《华盛顿协议》正式成员以来，OBE 理念正逐渐成为我国高校专业教育质量提升的重要力量。2021 年，教育部将"强化学生中心、产出导向、持续改进"作为普通高等学校本科教育教学审核评估的基本原则之一。①

将 OBE 理念引入家政学专业人才培养过程，以既定的预期学习目标成果为导向，以教师为主导，以学生为中心，从目标成果体系培养、课程体系构建，到教学环境创设、教学过程实施等方面，创新家政学专业人才培养模式（见图 1），对深化家政学专业教学改革、建设一流专业和培养高素质人才具有重要意义。

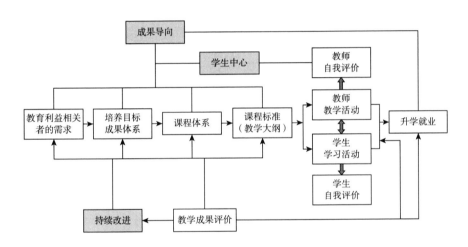

图 1　基于 OBE 理念的家政学专业人才培养模式

（一）构建家政学专业人才培养的目标成果体系

学生培养的目标成果是构建家政学专业人才培养模式的逻辑起点。OBE 理念的培养成果是有层次的，包括培养目标、毕业要求、指标点，以

---

① 教育部：《教育部关于印发〈普通高等学校本科教育教学审核评估实施方案（2021—2025 年）〉的通知》，http：//www. moe. gov. cn/srcsite/A11/s7057/202102/t20210205_ 512709. html。

及每门课程、每个教学环节、每个教学单元（模块）的学习成果等。不同层次的学习成果呈金字塔式，并且下一层或下几层学习成果的累加能够得到上一层学习成果。[①] 纵向连贯、横向整合，由此构成学生在校期间的学习成果蓝图（见图 2）。

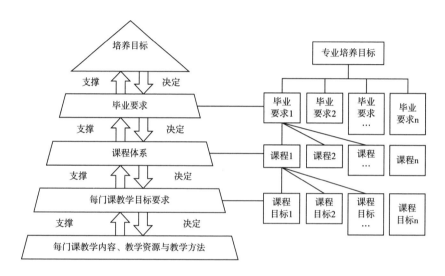

图 2 基于 OBE 理念的家政学专业人才培养目标体系

1. 根据需求制定家政学专业培养目标

培养目标是人才培养的总纲、出发点和归宿，也是设计课程体系、开展教学活动的主要依据。基于 OBE 理念的专业培养目标，是对学生毕业后 5 年左右所能取得的职业和专业发展预期成就（顶峰成果）的展望。[②] 制定培养目标，要充分考虑教育利益相关者的需求以及当下需求与长远需求的关系。其中，教育利益相关者的需求主要包括两个方面：一是外部需求，如国家、社会及教育发展需要，家政服务业发展及职场需求，学生家长及校友的期望等；二是内部需求，如学校定位、发展目标及教职员工期

---

① 田民杰：《OBE 理念下的体育经济与管理专业人才培养》，硕士学位论文，山东体育学院，2020，第 46 页。

② 李志义：《解析工程教育专业认证的成果导向理念》，《中国高等教育》2014 年第 17 期。

望，专业的发展历史沿革以及学科优势和办学特色、专业生源特点和毕业生就业领域及从事的工作岗位特点。培养目标一般应涵盖对毕业生政治方面的要求，知识、能力及素质要求，毕业生能够从事的领域、工作岗位，人才培养类型定位等内容。

经过充分调研，我们将家政学专业的培养目标确定为：培养坚持正确的政治方向、家国情怀深厚、职业道德良好，具备一定的与家政学相关的自然科学与人文社会科学基础知识，扎实的家政学基础知识、基本理论和基本方法，必备的现代家政服务管理理论、专门知识和专业技能，较强的沟通表达、团队合作和创新能力，能够在家政服务机构、社区、行业协会、政府部门等从事家政服务管理相关工作的"一专多能"型高素质应用型人才。

为了使该培养目标可衡量以及与毕业要求相对接，可将其细化为 6 个分目标（见表 3）。

表 3　家政学专业培养目标细化示例

培养目标	基本内涵
Ⅰ	坚持正确的政治方向、家国情怀深厚、职业道德良好
Ⅱ	与家政学相关的自然科学与人文社会科学基础知识
Ⅲ	扎实的家政学基础知识、基本理论和基本方法
Ⅳ	必备的现代家政服务管理理论、专门知识和专业技能
Ⅴ	较强的沟通表达、团队合作和创新能力
Ⅵ	能够在家政服务机构、社区、行业协会、政府部门等从事家政服务管理相关工作

2. 根据培养目标，确定毕业要求及其指标点

（1）确定毕业要求。

毕业要求也称毕业生能力，是学生毕业时应该取得的学习成果的基本标准和评价指标。[①] 毕业要求是实现培养目标的前提和保障，也是构建课程体系的依据。家政学专业的毕业要求，应包括学生的政治素质、人文素

---

① 李志义：《适应认证要求 推进工程教育教学改革》，《中国大学教学》2014 年第 6 期。

养、价值观、专业能力、学生职业发展能力等方面，各高校可按照与培养目标的对应关系并结合自身的特色制定家政学专业毕业要求。表 4 是笔者根据上述某高校家政学专业培养目标所细化的毕业要求。

表 4　家政学专业毕业要求示例

毕业要求	指标内涵
1	坚持正确政治方向，成为具有历史使命感和社会责任感的家庭美好生活服务者和创造者
2	具有跨学科意识和大家政观，掌握与家政学相关的自然科学、人文社会科学的基本知识和科学方法，并能将其用于指导未来的学习和家政实践
3	掌握家政学内涵、发展历史、理论体系、学科构架和研究方法
4	了解家政服务业发展历史与现状、生态系统、行业结构，掌握家政服务业相关政策法规与标准、运营模式和创新发展
5	掌握家务服务、母婴护理、养老护理、家庭教育、饮食烹饪等基本技能，取得一种以上家政服务相关职业技能等级高级证书
6	掌握现代家政服务机构运营管理方法，具有较强的家政服务创新创业实践和社会服务能力
7	具有在专业实践中与服务对象和相关专业人员有效沟通与合作的技能，具备良好的团队合作能力以及创新能力和创业精神
8	能熟练应用基本的定性与定量研究方法与工具，独立完成家政服务市场调研、数据分析，具有跨学科分析问题和初步的科研能力
9	具有健康的体魄，有终身学习理念和批判性思维意识，具备获取和更新家政学相关知识的自我学习能力，能够根据工作目标调整自身知识结构

从本质上来说，毕业要求是培养目标的细化。每一个分目标都必须由一项或多项毕业要求加以支撑，同时某一项毕业要求可以支撑几个分目标。[①] 表 5 以矩阵图的方式示意了家政学专业毕业要求对培养目标的支撑作用。

---

① 李志义：《成果导向的教学设计》，《中国大学教学》2015 年第 3 期。

表 5　家政学专业培养目标—毕业要求对应矩阵

培养目标	毕业要求								
	1	2	3	4	5	6	7	8	9
Ⅰ	√	√	√	√	√	√	√		√
Ⅱ	√	√		√			√	√	
Ⅲ	√	√	√	√	√	√			√
Ⅳ		√		√	√	√	√	√	√
Ⅴ	√		√	√	√	√	√	√	√
Ⅵ	√	√		√	√	√	√	√	√

（2）确定毕业要求的指标点。

毕业要求虽然比培养目标具体，但同样难以评价，必须将其逐条分解、细化为若干更为具体的指标点，才能在实际教学活动中可检测、可考核、可评价、可达成。一项毕业要求可以分解出一个以上指标点，但一个指标点却不能对应多项毕业要求。① 例如，表3中毕业要求6"掌握现代家政服务机构运营管理方法，具有较强的家政服务创新创业实践和社会服务能力"具体可分解为表6中的2个指标点。

表 6　毕业要求分解为指标点示例

毕业要求	指标点	基本内涵
6	6.1	掌握现代家政服务机构运营管理方法
	6.2	具有较强的家政服务创新创业实践和社会服务能力

3. 根据毕业要求及指标点设计课程体系

要将所有的毕业要求都分解为指标点，才便于实现和评价测量。要实现这些分解的指标点，必须要有某一门或几门关联度较高的课程作支撑，并落实到实际教学中，才能实现培养目标。如表6中毕业要求6的指标点1需要"家政服务机构运营管理""家政服务业概论""家政服务政策法规与标准"等课程支撑；指标点2需要"家政服务创新与实践""大学生创

① 谢丹：《相遇：专业认证与人文社科》，中国国际广播出版社，2018，第158页。

业教育"等课程支撑。将支撑所有指标点的课程按照目标、内容和过程等要素有机组合成一个整体，就是这个专业课程体系。

在 OBE 理念下，家政学专业课程体系可以用课程矩阵的形式表示。矩阵是用来对信息进行分类的格子，其中很多小格用来分析问题。课程矩阵是用矩阵的形式表达课程与毕业要求指标点之间的对应关系。[①] 依据 OBE 理念，课程体系的设置应支持毕业要求的达成，课程矩阵表明课程体系对学生学习成果的支撑情况以及具体课程对取得学生学习成果的"贡献度"，为课程体系重构和课程教学优化提供指导。按照以上要求建立家政学专业的课程矩阵，如表 7 所示。

表 7　家政学专业毕业要求—课程体系对应矩阵

课程类别	课程名称	毕业要求 1		毕业要求 2		……	
		指标点 1	……	……	……	……	……
通识平台课程	课程 1	H			M	L	
	……			L		H	M
学科平台课程	……	H	M				
	……	M		L			M
专业必修课程	……	L				M	
	……	L	M				
专业选修课程	……	L				H	
	……	M			L		
实践教学课程	……			M	L	M	
	……			L			H
综合素质课程	……			M	L	M	
	课程 n	H				L	

注：课程对毕业要求的支撑度根据课程对毕业要求贡献度的大小，也就是覆盖毕业要求指标点的多寡来确定，其中 H 表示支撑度高，至少 80%；M 表示支撑度中，至少 50%；L 表示支撑度低，至少 30%。

---

①　李志义：《解析工程教育专业认证的成果导向理念》，《中国高等教育》2014 年第 17 期。

（二）教师以学生为中心创设积极的学习环境

OBE 的核心理念之一是"以学生为中心"，教学资源配置和教学安排都要围绕培养目标和全体学生的毕业要求进行，教师是学生学习的设计者、引导者、推动者、参与者和协助者。[①] 教师必须深度审视"课程定位—课程目标—课程内容—毕业要求"的逻辑支撑结构，精心设计教学环节，引导学生一步步取得学习成果（见图3）。

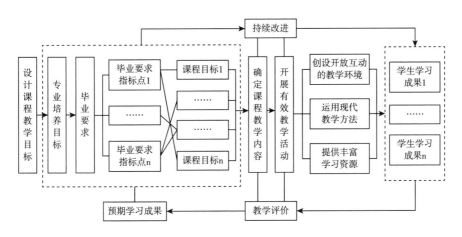

图 3　教师以学生为中心的 OBE 模式

1. 精心设计课程目标和学习成果

在 OBE 理念中，任课教师是帮助学生实现学习目标的第一责任人，任课教师必须明确所授课程的教学目标，清楚该课程对达成学生毕业要求的贡献度，学生学完该课程应取得哪些成果以及成果的种类、形式和具体要求，然后确定与之相对应的教学内容及教学时数，使学生学得明白。

课程目标是教师引导学生必须达成的最低标准，课程目标一般以条目式表述为主，多个课程目标可对应一个毕业要求指标点，但一个课程目标

---

① 刘海燕：《"以学生为中心的学习"：欧洲高等教育教学改革的核心命题》，《教育研究》
　　2017 年第 12 期。

不能对应多个能力指标。① 比如表 8 是《家政服务业概论》这门课的教学目标，它对应上述家政学专业毕业要求 4 "了解家政服务业发展历史与现状、生态系统、行业结构，掌握家政服务业相关政策法规与标准、运营模式和创新发展"。

表 8 　《家政服务业概论》课程教学目标

教学目标	内涵概述
知识目标	1. 了解家政服务业的概念、特征，理解家政服务业的地位与作用 2. 了解中外家政服务业的发展历史和现状 3. 了解家政服务业市场基本情况，弄清家政服务业的行业结构和运营模式 4. 了解家政服务业的组织管理和主要节事活动，掌握家政服务业相关政策法规与标准
能力目标	1. 能正确分析家政服务业存在的问题和影响因素 2. 具有从事家政服务业市场调研与开发工作的初步能力 3. 能创新策划家政服务活动
情感目标	1. 能正确理解家政服务业的属性、意义和作用 2. 具有从事家政行业的意愿和积极情感，认同家政服务业的价值和意义，遵守法律法规和家政行业道德规范

众所周知，不同的学生具有不同的基础条件，对所取得的学习结果也有不同的预期。在实际教学过程中，教师要鼓励那些比较优秀的学生设定具有高阶性、创新性和挑战性的目标，除了知识性成果目标以外，还可设定市场调研报告、案例分析、产品策划、创新创业等成果目标。确定一个合理的学习成果目标，能够让学生在学习过程中提高自主学习意识，同时也能充分掌握职业发展所需的技术与技能。

2. 构建开放互动的课堂环境

开放性课堂与传统的封闭式课堂不同，开放性课堂把课堂看作师生互动的教学系统，并在时空和内容上做进一步延伸。在时间上，从现在向过去、将来辐射；在空间上，从教室向实训室、图书馆以及家政服务机构、家庭、社会辐射；在内容上，从书本向生活辐射。在开放性课堂中，师

---

① 王明海：《成果导向教育的高职课程设计》，《中国职业技术教育》2017 年第 5 期。

生、生生之间有效互动，各种信息得到有效的交流，学生的潜能得到充分的发挥，个性得以凸显，教师在观察者、协助者、设计者的角色体验中与学生共同发展。在教学实际过程中，可灵活运用任务驱动法、项目教学法、合作学习法等多种教学方法，结合翻转课堂、线上线下混合式教学，使学生主动参与、深度学习、自主协作、探索创新，帮助学生在学习过程中不断实现相应的课程目标，获得预期的学习成果。

3. 提供丰富的专业学习资源

OBE 理念认为，每个学生通过学习都能达到预期的毕业要求，但不一定能同时达到。为满足不同层次的学生对教学进度、难度、时间和空间的需求，提供多样的学习资源和学习形式非常必要。[①] 学习资源是一切能够运用到教学活动中的各种条件和材料，要实现有差别的教学目标，教师就要积极地、创造性地收集整合课程资源，不断丰富课程资源。比如《家政服务业概论》这门课，教师除了为学生提供课件、视频、试题等基本学习资源，还为学生提供一些在线课程资源，并建设家政服务业职业资源库、政策法规库、标准库、典型案例库等资源平台。

4. 加大课程过程化考核的力度

过程化考核是指在整个教学过程中对学生的学习态度、学习行为、过程表现做出综合性考量的一种阶段性全面考核方式。[②] OBE 理念更加注重对学生的过程化考核，目的在于督促学生注重学习过程，调动学生学习的积极性、创造性。任课教师是学生学习成果认定的责任者，因此任课教师必须在明确课程目标所对应的毕业要求的基础上，构建一种与课程目标对应的，将形成性评价与终结性评价相结合的评价体系，以便更全面、客观、公正地考核学生的学习成果。[③] 考核方式可采用课堂考勤、课堂表现、平时作业、阶

---

① 孙歧峰、段友祥、李华昱、张俊三：《基于成果导向的软件工程专业培养模式探索及实践》，《高等理科教育》2020 年第 4 期。

② 刘咏梅：《课程过程化考核改革实践的成效探究——以苏州大学文正学院〈微积分〉课程为例》，《探索科学》2020 年第 4 期。

③ 陈红阳、鲁江坤、唐志、何杰：《OBE 理念下混合式教学考核评价机制研究》，《福建电脑》2021 年第 9 期。

段测验、在线学习、教学实践、期中考试等基本形式。

（三）学生以学习成果为导向，在探究中创造

在 OBE 中，学生是主动的学习者、知识体系的建构者、新领域知识的探索者，[1] 学生要在教师的指导下主动地、富有个性地学习，以最终取得预期的最佳成果（见图 4）。

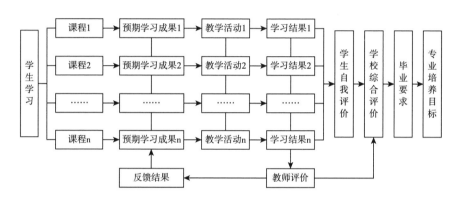

图 4 学生以学习成果为导向的 OBE 模式

1. 清楚预期成果目标

OBE 理念的核心理念之一是以既定的预期学习成果目标为导向。所以，学生必须要清楚每一门课、每个学期、每个学年以及毕业时应该达到的成果目标。当然，由于学生之间存在差异，具有不同学习能力的学生，可以利用不同时间、通过不同途径和方式，达到同一目标或更高目标。[2] 关键是应该时刻知道，自己正在努力达到什么成果，以及为什么要这么做，并为实现这个目标努力奋斗。

2. 自我控制学习过程

OBE 理念强调学生在教学过程中的主体地位，学生对学习承担更多的

---

① 孙歧峰、段友祥、李华昱、张俊三：《基于成果导向的软件工程专业培养模式探索及实践》，《高等理科教育》2020 年第 4 期。
② 李志义：《解析工程教育专业认证的成果导向理念》，《中国高等教育》2014 年第 17 期。

责任，拥有更多的选择权，允许学生自主构建学习路径。[1] 学生要取得预期的学习成果，实现相应的目标，就必须改变被动学习的习惯，产生自我驱动学习动机，能够自我选择学习内容、自我调节学习策略、自我管理学习时间，控制好学习过程。通过一点一滴的积累，不断突破自己、挑战自我。只有实现一个个小目标，才能取得最终成果，从而体验学习和成功的快乐。

3. 深度参与课外实践活动

为了可以持续地挑战自己，达成最终成果，学生从大一开始，就要有计划地主动参加与专业相关的社会实践、见习实习、实验实训以及教师科研等活动，在实践中培养和锻炼自己的综合能力，使理论和实践更加贴近实际工作，以利于毕业后在就业过程中与实际工作实现无缝接轨。

4. 自我评价与持续改进

自我评价的目的是持续改进，以最终获得更好的成果。学生自我评价的效果与其自我效能感有关。自我效能感是指在预期情境中，人们对某一系列行为完成到何种程度的判断。[2] 学生的自我效能感与其学习动机、努力程度、抱负水平、在学习中的坚持性以及学业成绩显著正相关。学生自我评价要选择恰当的参照物，向上比较可以激励自己更上一层楼，但也应充分重视可比性的问题。自我评价是学习的"推进器""加油站"。

四　OBE 理念下家政学专业人才培养模式的实施策略

OBE 理念下的家政学专业人才培养模式的实施是一项系统工程，涉及教育的方方面面，需要领导推动、教师实践、学生主动、产教融合、全员参与，有关高校应认清当前家政学专业人才培养模式中存在的问题，有针

---

[1] 刘海燕:《"以学生为中心的学习":欧洲高等教育教学改革的核心命题》,《教育研究》2017 年第 12 期。

[2] 〔英〕罗斯玛丽·卢金 (Rosemary Luckin):《智能学习的未来》,徐烨华译,浙江教育出版社,2020,第 78 页。

对性地研究其对策，以利于复合型高素质创新型家政学人才脱颖而出。

（一）深入理解并认同 OBE 理念

实施 OBE 理念下的家政学专业人才培养模式，深入理解并认同 OBE 理念很重要。院系相关领导和教研室主任（专业负责人）是家政学专业人才培养的主要组织者和推动者，必须依据家政服务业人才需求、学校定位、专业标准等设计人才培养目标，并将其分解为具体的毕业要求及其指标点，理清课程体系与毕业要求之间的支撑关系，特别是要有实施 OBE 理念的决心与实际的工作部署。任课教师只有真正懂得、真心接纳 OBE 理念作为教学改革的基本准则，并将 OBE 理念内化到自己所教授的课程中，深度审视"课程定位—课程目标—课程内容—毕业要求"的逻辑支撑结构，从"教师教得好"向"学生学得好"转变，才能打通人才培养"最后一公里"。辅导员（班主任）对学生的思想、学习、职业发展规划与就业起着重要作用，他们对 OBE 理念的认识和理解也非常重要。另外，学生是落实 OBE 理念的主体，如果学生根本就不知道 OBE 理念，教师和学生"各吹各的号，各唱各的调"，落实 OBE 理念也就无从谈起。

（二）重构家政学专业课程体系

首先，应结合新文科和国家一流专业建设标准，依据《普通高等学校本科专业类教学质量国家标准》中社会学类专业的相关规定和本校家政学专业培养目标和毕业要求，[①] 对家政学专业合理定位，顺应家政服务业发展步伐，满足校内外多主体的需求。其次，要考虑家政学专业的交叉学科属性，体现家政学科交叉特点，对家政学所涉及的社会学、教育学、管理学、经济学相关学科的某些课程内容进行借鉴整合、移植改造、调整优化，因为每个学科所涉及的基本原理知识的侧重点有所不同。最后，家政学专业是一个实践性较强的专业，要求学生具有较强的实践能力，专业实

---

① 周山东、叶丹：《论应用型本科家政学专业模块化课程体系的构建》，《宜春学院学报》2022 年第 5 期。

践环节至关重要。因此，要根据家政服务业的人才需求，优化专业实训实习与实践课程体系，以强化学生的实践能力和创新能力。

（三）加强师资队伍建设

教师是人才培养的重要参与者与主要实施者，要实施基于 OBE 理念的家政学专业人才培养模式，必须要有一支学术能力强、教学水平高、具有丰富实践经验的专兼职教师队伍。首先，有关高校要推动政策配套"落地"，加强对现有专业教师的培训培养，鼓励现有专业教师到家政培训机构参加专业进修或技能培训，或到家政服务机构进行挂职锻炼，不断提高专业技能水平。其次，国家应增设家政学博士学位授予单位、家政学硕士学位授予单位，加大对家政学高层次优秀人才的培养力度，加快家政学专业急缺师资培养。在没有家政学专业博士的情况下，相关高校应积极引进教育学、社会学、管理学、护理学等家政学相关学科的优秀博士毕业生，加强家政学交叉学科研究，积极开展自我转型。最后，要完善兼职教师聘任办法，积极引进家政服务行业一线优秀人才，使其深度参与专业建设、课程改革、教学资源开发、学生指导，深化产教融合。

（四）实施四年一贯多维双导师制

"导师制"是实施学生个性化教育、落实 OBE 理念的重要措施。"双导"是指为每一名学生安排 1 名校内专业（学业）导师和 1 名校外行业（企业）实践导师。"多维"具体体现在专业认知、课程学习、行业调查、创新创业、社会实践、课题研究、职业生涯规划、考证考研、实习就业、毕业跟踪指导等方面进行指导，帮助学生实现个人发展目标。"四年一贯"是指学生从入学到毕业四年在校时间，如果没有特殊原因，给学生所配备的导师尽量保持不变。①

---

① 李娜：《基于 OBE 理念的高校学生导师制现状调查与对策研究》，《文渊》（高中版）2020年第 5 期。

（五）深化产教融合

家政学专业实践性强，产教融合是有效的育人方式。深化产教融合就要在制度、政策、机制、平台等方面，优化顶层设计，走实企业参与高校家政学专业发展的全过程。[①] 比如，在专业课程的设计上，部分对实践技能要求高的课程可请企业专业人员参与课程教学大纲和授课方案的设计与编制，并担任部分教学任务。在科研上，高校家政学专业的科研项目应基于家政服务行业发展现状和需求选题，使得科研创新成果服务于家政服务业的现实需求。

（六）完善评价体系，重视"持续改进"

OBE 强调评价—反馈—改进反复循环的持续改进机制，对家政学专业来说，也必须设计一个全面、系统、客观的评价系统，定期对教师、学生和教学管理部门进行评价。同时，基于评价结果，紧紧围绕"学生中心""产出导向""持续改进"的理念，对培养目标、毕业要求、课程体系、师资队伍等进行调整和改进，不断丰富专业内涵，突出专业特色，提高教学质量，为家政服务业提质扩容培养更多具有创新精神和实践能力的高素质人才。

（编辑：李敬儒）

---

① 鄢继尧、赵媛、熊筱燕：《以产教融合助力高素质家政人才培养》，《江苏教育》2021 年第 72 期。

Constructing and Implementing an Educational Model for the Program of Home Economics Under Outcomes-based Education

FENG Yuzhu

(College of Home Economics, Hebei Normal University,

Shijiazhuang, Hebei 050024, China)

Abstract: With continuous improvement of living standards, home economics becomes more and more socialized. More and more colleges and universities offer programs on home economics. They have made valuable explorations on the educational model of home economics and made some achievements. However, there are still some problems in their schooling process, such as unclear orientation of education objectives, lack of a full-fledged curriculum system, relatively weak teaching force, and insufficient integration of industry and education. Outcomes-based Education (OBE) bases each part of an educational system around goals (outcomes) of students' educational experience, providing a sound top-level design. OBE is a student-centered educational model wherein teachers are meant to guide. Its efficient implementation in home economics education is conducive to educational model updating, teaching improvement, education reform, the construction of first-class disciplines, and eventually the cultivation of innovative home economics professionals with strong hands-on ability and practical skills for the society.

Keywords: The Program of Home Economics; Educational Model; Outcomes-based Education (OBE)

以美好生活需要为导向的家政学专业本科课程体系建设研究[*]

李敬儒

（河北师范大学家政学院，河北石家庄 050024）

【摘　　要】随着中国特色社会主义进入新时代，人民的需要已经从日益增长的物质文化需要转化为美好生活需要。家庭是社会的基本细胞，美好家庭生活建设关系着整个社会的和谐与发展。家政学是以家庭生活及其规律为研究对象，谋求家庭生活质量提高和家庭生活幸福维持的综合性交叉学科。以美好生活需要为导向，家政学专业可探索建立"主题领域+课程集群+实践实训"的本科课程体系，以达到家政学专业本科人才培养的要求。

【关　键　词】美好生活；家政学；本科；课程体系

【作者简介】李敬儒，文学博士，河北师范大学家政学院讲师，主要从事民俗学、家庭文化学研究。

党的十九大报告指出："中国特色社会主义进入新时代，我国社会主

---

* 2021 年度河北师范大学课程思政专项教学改革研究项目"以美好生活为导向的家政学专业本科课程体系建设研究"（课题编号：2021XJJG081）。

要矛盾已经转化为人民日益增长的美好生活需要和不平衡不充分的发展之间的矛盾。"报告中"美好生活需要"的提出，标志着"一个以满足全面、高端的民生需要为主要任务的新时代的开始，是从民生视角反映国家发展根本使命与目的的升华，其给中国未来发展带来的将是全局性、深刻性的影响"①。

家庭是社会的基本细胞，在新时代构建和谐社会、践行社会主义核心价值观、提升基层社会治理水平、弘扬中华优秀传统文化等方面发挥着非常重要的作用。家政学是以家庭生活及其规律为研究对象，并将此规律和相关的技能运用于改善家庭生活方式、提高家庭生活质量、维持家庭生活幸福、促进家庭成员健康发展、增进人类福祉的综合性应用学科。在中国特色社会主义进入新时代的语境下，美好家庭生活建设受到愈来愈多的关注，家政学应以美好生活需要为导向，深入分析家政学学科的发展路径，谋求家政学与时代发展的契合点，充分发挥其"致用之学"的社会功能。

一 "人民美好生活需要" 的基本内容与实现路径

党的十九大报告在指出新时代我国主要矛盾发生转化之后，强调"我们要在继续推动发展的基础上，着力解决好发展不平衡不充分问题，大力提升发展质量和效益，更好满足人民在经济、政治、文化、社会、生态等方面日益增长的需要，更好推动人的全面发展、社会全面进步"。这就意味着人民的需要已从原来的经济、文化两个方面，发展为经济、政治、文化、社会、生态五个方面，具体表现为物质方面的全面高质、政治方面的民主法治、文化方面的先进多元、民生方面的公平正义和环境方面的美丽宜居。

马克思、恩格斯很早就关注人的需要问题，"人们一般将马克思主义

---

① 郑功成：《习近平民生重要论述中的两个关键概念——从"物质文化需要"到"美好生活需要"》，《人民论坛·学术前沿》2018 年第 18 期。

经典作家对人的需要学说分为三个层次，即生存需要、享受需要和发展需要"①。再结合马斯洛的需要层次理论，笔者将"人民日益增长的美好生活需要"概括为物质性需要、社会性需要和文化性需要三个层面。

（一）物质性需要

美好生活需要的第一要义是美好物质需要，这是美好生活的基础性内容，是人类生物意义上的生存性需要，如饮食、穿着、居住、出行、医疗和种族繁衍等。美好物质需要是在满足基本物质需要基础上的升华和拓展，是生活逐步由"生存逻辑"向"享受逻辑"转变、由对物质产品"量"的需求向对物质产品"质"和"量"双重需求的转变。

（二）社会性需要

"社会性需要是在物质性或生理性需要基础上形成的，可以说是第二层次的需要。"② 社会性需要主要体现为社会安全、社会保障、社会公正和生态宜居等方面的需要。社会安全需要包括生命安全、财产安全、食品安全、生态安全等需要；社会保障需要包括健康保障、教育保障、工作保障等需要；人们对社会公正的需要具体表现为社会的法治化、制度化、规范化、有序化运行，以及公正的社会分配；生态宜居是社会文明、经济富裕、环境优美、生活便宜、公共安全等的综合体现，将技术与自然充分融合，居民的身心健康和环境质量得到充分保护。

（三）文化性需要

习近平总书记指出："文化是一个国家、一个民族的灵魂。文化兴国运兴，文化强民族强。"③ 新时代的文化应是那些可以对中国特色社会主义

---

① 郑功成：《习近平民生重要论述中的两个关键概念——从"物质文化需要"到"美好生活需要"》，《人民论坛·学术前沿》2018 年第 18 期。
② 何星亮：《满足人民日益增长的美好生活需要》，《人民论坛》2017 年第 S2 期。
③ 《习近平谈治国理政》（第三卷），外文出版社，2020，第 32 页。

的政治和经济发展起到推动作用的正面的、积极的、真理性认识的文化，如中华优秀传统文化、红色文化、中国特色社会主义优秀文化、中华优秀家教家风文化等，都应成为美好生活所需要的文化。同时，新时代的文化还应满足人民的精神需要或心理需要，也就是比较高层次的人民需要。一是尊重的需要，即社会成员普遍树立"自尊、自信"的观念，积极投身美好生活的实践和创造；二是自我实现的需要，即正确引导社会成员个体的理想、抱负，从根本上给予其积极、乐观、正面的激励，从而提高其获得感和幸福感。

（四）"人民美好生活需要"与家政学科建设的关系

满足人民美好生活需要，必须坚持"以人为本"原则，以人的幸福、安全、健康等为根本。人民对美好生活的物质性需要如饮食健康、环境宜居等，社会性需要如托幼养老服务等，文化性需要如传承优秀家教家风文化等，都与家庭生活密切相关。"家政学是一个具有普适价值、民生情怀、巨大魅力、广阔前景的特色专业"①，旨在使个人、家庭和社会实现健康、可持续的生活方式。从学科体系来看，家政学以提高人类生活质量为目标，涵盖健康生活、居住环境、人类福祉、家庭经营管理等领域，从目标与内容上，都与人民美好生活需要的理念相应和。对社会成员个体而言，学习家政学有利于培养其健康高质的家庭生活习惯，传承优秀家教家风文化；而以家政学为指导的家政服务业也可为人民的美好家庭生活提供优质高效的家庭服务。因此，无论在理论研究还是在现实应用方面，家政学都理应首先为满足人民美好生活需要贡献力量。同时，从学科建设的角度来讲，家政学专业也应该通过合理借鉴国外家政学学科理论，深入挖掘我国传统家政文化的精髓，主动顺应人民群众对美好家庭生活的需求。

---

① 胡艺华：《本科院校举办家政学专业的思考》，《中国高教研究》2013 年第 1 期。

二　国内外家政学专业课程体系设置的启示

美国、英国、日本等国家的家政学专业经过百余年的发展，已形成比较成熟的家政学专业本科课程体系。2010 年美国最新修订版学科专业分类系统（CIP）将家庭与消费者科学列为交叉学科，包括 10 个专业和下属的 33 个具体方向，专业方向涉及人类发展与家庭研究、衣服和纺织品、食品与营养、住房与人类环境等与人类家庭生活息息相关的重要内容。① "这个划分为家政学学科进入高校、与各种相关学科区分各自的定位起到了重要作用。"②

日本的家政教育可以追溯到江户时期的女子教育，那时的女子教育以传授"为妻为母"的基本知识和技能为主，二战以后，日本才开始真正意义上的高等家政教育。经过 70 多年的发展，日本家政教育逐渐专业化和体系化。当前，日本主要通过家政学部与人间生活相关学部进行家政教育。日本大学家政教育的学科具体分为家政相关、食物相关、服装相关、居住相关和儿童相关五大类。在五个大类下分设了诸多小类，每个小类别都是家政学的分支学科。各个学科下开设了综合多元的课程。"日本私立女子大学的家政学部设置的家政学学科最为完整，设置了儿童学科、食物学科、居住学科、服装学科以及家政经济学科等五大学科，在学科下分设了不同专业，各专业下设置了不同类型的课程。"③

御茶水女子大学的高等家政教育具有比较先进的教学理念，代表了日本家政专业教育的未来发展趋势。1992 年，御茶水女子大学将家政学部改组为生活科学部。生活科学部由食物营养学科、人类环境学科、人类生活

---

① National Center for Education Statistics-introduction to the Classification of Instructional Programs：2010 Edition（CIP-2010），2017-08-11，http：//www. state. nj. us/highereducation/Program_Inventory/CIPCode2010Manual. pdf.
② 陈朋：《我国家政学学科发展定位的问题、成因及构想》，《浙江树人大学学报》（人文社会科学）2018 年第 6 期。
③ 张雨荷：《日本女子大学家政教育研究》，硕士学位论文，陕西师范大学，2019。

学科构成，主要从人类生活角度对人的身体和精神、食物科学与健康、人与环境、人的发展和心理健康、生活与社会、生活与文化等诸多问题进行研究。从课程设置来看，食物营养学科设有营养化学、临床营养学、营养教育学、应用营养学、食品贮存学、烹调科学等课程；人类环境科学科设有人体生理学、环境化学、环境卫生工程学等课程；人类生活学科由发展临床心理学、生活社会科学、生活文化学3类课程构成，教授发展心理学、临床心理学、经济学、社会学、比较文化学、民俗学、美学等领域的课程。①

在爱尔兰，家政学涵盖了家庭资源管理（Family Resource Management），饮食研究（Food Studies），以及纺织、时装与设计（Textiles，Fashion，and Design）三个研究领域，并将可持续发展观贯穿于整个教学体系之中。家政教育重视家庭的核心地位，教授家庭资源管理、家庭关系与沟通、饮食营养与健康、纺织品护理、手工艺与服装制作等课程，并开设相应的实践课程。②

在中国，2003年吉林农业大学开启了家政学4年制本科生培养。随后，天津师范大学、北京师范大学珠海分校、南京师范大学、河北师范大学等高等院校，都开始进行家政学科高层次人才培养。多年来，各高校和学者对家政学本科人才培养进行了探讨。以河北师范大学家政学为例，根据家政学人才培养目标，课程设置采取"平台+模块"模式，设置通识平台课程、学科平台课程、专业平台课程、实践教学课程4个课程类别，教学方式以讲授、专题研讨、实训和实习为主。其中通识平台主要开设思想政治类、外语、体育、信息技术等基础课程。学科平台主要开设社会学类、管理学类基础课程。专业平台课程中的必修课为家政学专业的学理性课程，如家政学概论、家庭教育学、家庭经济学、家政服务业概论、生活

---

① 姜宛彤：《日本女子大学课程设置演变研究——以日本御茶水女子大学为例》，硕士学位论文，东北师范大学，2014。
② 〔爱尔兰〕海伦·麦奎尔、〔爱尔兰〕阿曼达·麦克劳特：《家政教育：打造可持续而健康的未来》，王子舟译，《世界教育信息》2021年第3期。

美学等；专业平台课程中的选修课开展"模块"式教学，分为母婴照护、老年福祉、健康生活、家政教育与服务、专业拓展 5 个模块，每个模块都设有 1~2 门限定选修课程，在此基础上，学生还可根据个人兴趣选修模块内的其他课程。实践教学课程与专业平台课程相对应，培养学生的实践能力和动手操作能力。

然而从目前全国家政学本科课程设置来看，课程体系仍然处于建构阶段，各高校仍然以本校师资力量为基础，构建凸显学校特色的课程体系和人才培养方案，还未形成统一的家政学专业本科课程体系。

三 以美好生活需要为导向的家政学专业本科课程体系建构

2012 年 12 月 15 日，习近平在党的十八届中央政治局常委同中外记者见面时的讲话中指出："我们的人民热爱生活，期盼有更好的教育、更稳定的工作、更满意的收入、更可靠的社会保障、更高水平的医疗卫生服务、更舒适的居住条件、更优美的环境，期盼孩子们能成长得更好、工作得更好、生活得更好。人民对美好生活的向往，就是我们的奋斗目标。"[①] 2017 年 7 月 26 日，习近平在省部级主要领导干部"学习习近平总书记重要讲话精神，迎接党的十九大"专题研讨班开班式上的讲话中又在上述基础上增加了"更丰富的精神文化生活"[②]。习近平的民生"八更"进一步明确了国家满足人民美好生活需要的着力点。

家政学是一门交叉学科，融合了社会学、经济学、管理学、教育学、营养学、医学等多方面的学科内容。在当前情况下，面对如此庞杂的学科内容，笔者认为，针对家政学专业本科培养目标，以人民美好生活需要为导向来建设家政学专业本科课程体系，既符合时代发展的需要，也有利于完善家政学专业本科课程建设，形成标准化的家政学专业本科教育。

---

① 《习近平谈治国理政》（第一卷），外文出版社，2014，第 3 页。
② 《习近平谈治国理政》（第二卷），外文出版社，2017，第 61 页。

（一）指导原则

1. 立德树人原则

立德树人是新时代教育的根本任务。家政学专业教育以家庭生活为核心，在培养学生家庭基本理论知识、家政职业能力的同时，要特别注意传承中华优秀传统文化，尤其是"家政文化"。中国的"家政文化"具有深厚的思想渊源，主要体现在家庭教育和家风建设、家庭管理、家庭膳食与营养等方面。以"家政文化"为切入点，进行中华优秀传统文化教育，有利于培养民族精神，增强民族自豪感。

习近平在 2015 年春节团拜会上指出："我们都要重视家庭建设，注重家庭、注重家教、注重家风，紧紧结合培育和弘扬社会主义核心价值观，发扬光大中华民族传统家庭美德，促进家庭和睦，促进亲人相亲相爱，促进下一代健康成长，促进老年人老有所养，使千千万万个家庭成为国家发展、民族进步、社会和谐的重要基点。"[①] 中国人历来重视家庭在国家建设和社会和谐中的重要作用，重视血缘和亲缘关系，强调尊老爱幼、兄友弟恭，这些优秀的传统文化对我们今天的家庭建设仍有重要的意义。"家庭教育学、家庭管理学、家庭伦理学、家庭婚姻学等课程的开设，可以培养良好的家庭品德，传承了优秀家政文化。家风、家教，既是优秀家庭品质的养成，更是对学生传统文化的洗礼，是传统文化的现代重塑。"[②]

2. 以学生为本原则

以学生为本原则，就是从学校教学体制到专业课程设置，再到教师的教学设计，都以学生为中心，把人才培养作为专业建设的首要目标。教师要把学生放在人才培养最重要的位置，设法了解学生的特点和学习中的困惑，了解他们最想获取的知识和能力，因材施教，使学生感受到自己是知识和技能学习的主体，在加强专业知识学习的同时，实现身心健康发展，

---

① 中共中央党史和文献研究院编《习近平关于注重家庭家教家风建设论述摘编》，中央文献出版社，2021，第 3 页。

② 郑艳君：《培养家政学应用型人才的时代价值》，《教育教学论坛》2020 年第 38 期。

并深刻理解家政学对当代社会发展方面的重要意义。家政学作为一门应用型学科，应注重对学生实际应用能力的培养，可采用交互式的教学方式来实现以学生为本的教学原则。"交互式教学是在宏观教学情景下，师生间、学习者相互之间围绕某一个内容或主题进行双向或多向平等交流和自主互动的教学法。交互式教学主张师生都作为学习者，对所学习的内容以平等交流探讨的互动方式进行教学。"①

3. 系统性原则

家政学是一门交叉学科，在课程设置上应追求一定的系统性，注重知识体系的完整性、多学科融合，以及课程设置上的主次分明。而从目前中国开设家政学本科专业的课程设置来看，过多注重技能应用性培养导致营养、服饰、护理、管理、教育等方面的课程以填充形式进行设置，难以形成课程集群并发掘其课程核心，有人形象地把家政学教育比喻成"一箩筐，什么都可往里装"，多学科交叉融合固有的屏障仍未被打破。② 为避免出现家政学课程设置广而不精的状况，家政学本科课程设置应与学科发展逻辑、专业培养目标和社会需求有机结合起来，以人民美好生活需要为导向，在开设学科和专业学理性课程的基础上，在总体人才培养目标不变的前提下，依托自己学校的教育资源，设置特色专业方向。

4. 理论与实践相结合原则

"根据调研，目前家庭服务业最急需的人才是从事家政专业研究、教育和培训的人才，从事家政企业经营管理的人才，从事家庭服务工作的中高端专业技能人才。"③ 家政学专业主动迎合市场的需求，探索如何培养具备家政政策、家政教育、家政管理等专业知识的高级专门型家政人才。办学单位要坚持积极"走出去"的原则，详细了解家政领域对人才知识与技能的需求，探索开展切实有效的校企合作方式，利用学校和用人单位不同

---

① 郑艳君：《培养家政学应用型人才的时代价值》，《教育教学论坛》2020 年第 38 期。
② 李磊：《"从局外到局内"探索拔尖创新人才培养新模式研究——以家政学拔尖创新人才培养实践为例》，《吉林教育》2016 年第 6 期。
③ 胡艺华：《本科院校举办家政学专业的思考》，《中国高教研究》2013 年第 1 期。

的教育资源，促进教学质量的提升，建立以家政学专业实践为主要内容的高层次专门人才培养模式。

在应用型人才培养的过程中，学校可尝试建立行业导师聘用制，在充分利用专业实习企业物质性资源的基础上，聘请企业中工作实践经验丰富、理论基础扎实的专业技术人员和骨干管理人员为学生的行业导师，帮助学生了解家政行业的发展动态和企业对家政人才的需求，使学生能够切实了解到家政服务行业发展的现状、存在的困难，以及未来发展的趋势，从而拓宽自己的学习兴趣，明确未来的发展方向。

但是在理论与实践相结合的过程中，要注意本科家政学专业培养规格应与高职家政学专业相区别。应将本科层次学生应有的理论知识的积累、创新性实践的指导与基本技能的训练进行统筹规划。

（二）课程体系建构设想

根据本科生的培养要求，应将家政学专业本科生培养成为既能掌握家政学基本理论知识和基本研究方法、具备相应的动手能力和专业技能，又能用专业的知识和技能服务社会、服务民众的复合型人才。在当前情况下，家政学还不具备发展为交叉学科的条件，还只能以单一专业的形式存在，因此，在本科课程体系设计上，就更加需要形成"形散而神不散""理论与实践相结合"的统一系统。

目前，中国的家政学本科专业属社会学类，在开设社会学学科平台课程的基础上，以人民美好生活需要为导向，以家政学学科体系为框架，笔者探索将家政学专业本科课程体系设置为"主题领域+课程集群+实践实训"的形式。事实上，经过十余年的发展，各高校开设的家政学核心课程基本相似，只是在拓展课程中更多地体现了学校特色。而本文提出的课程体系以美好家庭生活需要为导向，设置家庭物质生活、家庭精神生活、家庭生活与社会、人类发展与健康四个主题领域，每个主题领域下设置若干课程集群作为支撑，更多地体现了课程设置的系统化原则。家政学涉及领域广泛，为了激发学生学习的自主性，体现以学生为本的原则，学生可根据个人兴趣，在课程集群中选修相关课程，以达到综合性与专业性的和谐统一。家政学专业本科生除了要掌握家政学基本理论知识，还应能够在理论指导下开展家政领域的实际操作，因此高校坚持理论与实践相结合的原则，在每个课程集群中搭配设置相应的实践实训课程，既有体现科学研究方法的社会调查和专题研讨，也有与家庭生活密切相关的实际操作课程。同时，高校也积极谋求与相关企业建成校企合作、实践育人的模式。具体课程设计如表 1 所示。

表 1　家政学专业课程设计

主题领域	课程集群	课程设置	实践实训课程
家庭物质生活	食品营养科学	营养与食品化学、食品贮存学、烹饪学	家庭烹饪与营养配餐、家庭烘焙、家庭茶艺
	美学与服饰	生活美学、服饰搭配艺术、服装面料与保养	服装裁剪与制作
	居住环境科学	居住环境学、环境卫生学、家居装饰	家庭收纳与保洁
	家庭管理学	家庭财务管理、家庭管理与法律、家庭消费学	智慧生活实务
家庭精神生活	家庭关系学	家庭伦理学、婚姻与家庭、人际关系学	专题研讨
	家庭教育学	家庭心理学、家教家风家训、劳动教育	家庭生活教育方案设计与实践
	家庭文化学	文化人类学、休闲生活规划、民俗文化与生活	社会调查
家庭生活与社会	生活社会科学	家庭社会学、女性学	专题研讨
	社会工作	家庭社会工作、老年社会工作、社区工作	社区实习
人类发展与健康	人体生理学	人体生理学、人类进化史、健康管理学、家庭护理学	专题研讨
	儿童科学	优生学、婴幼儿保育与教育、儿童与文化、儿童文学	婴幼儿照护、音乐与美术实训
	老年科学	老年学、养老服务与管理、老年生活与健康	老年护理

四 结语

随着中国特色社会主义进入新时代，我国社会的主要矛盾发生了根本性变化，人民的需要已从原来的基础性的物质需要，转变为享受性和自我发展的需要，涉及经济、政治、文化、社会、生态五个方面。家庭是社会的细胞，美好家庭生活的建设关系到整个社会的和谐和发展。家政学以家庭为核心，探讨高层次人才的培养，既可运用家庭生活及其发展规律促进家庭生活幸福和成员个人发展，也可从外部为提高家庭生活质量提供指导和服务。家政学专业本科课程体系应以这两个目标为出发点，以人民美好生活需要为导向，在保证专业性的基础上，发挥交叉学科的优势，使学生以家庭基本理论知识和拓展技能为中心，交叉融合其他学科相关知识，构建重点突出、系统性强的家政学知识体系。

（编辑：高艳红）

Construction of Undergraduate Curriculum System of Home Economics Program Oriented to a Better Life

LI Jingru

（Cdlege of Home Economics, Hebei Normal University,

Shijiazhuang, Hebei 050024, China）

Abstract: As socialism with Chinese characteristics enters a new era, the growing material and cultural needs of the people have been updated to the needs of a better life. Family is the cell of our society, thus a good family life matters to the harmony and development of the entire society. Home economics is a comprehensive inter－disciplinary subject which studies family life and its laws and seeks to improve the quality and maintain the happiness of family life. It is suggested to build an undergraduate curriculum system of home economics program with "topic areas, course clusters, and practical training & field work" oriented to a better life to meet the requirements of undergraduate home economics education.

Keywords：A Better Life; Home Economics; Undergraduate Program; Curriculum System

河北女师学院家政教育的发展、创新及启示[*]

王永颜

（河北师范大学家政学院，河北石家庄 050024）

【摘　　要】 河北省立女子师范学院作为我国自办高校设立家政学系之肇始，具有独特的历史意义。研究河北女子师范学院家政教育的办学历史及办学实践的特色，探讨其在家政教育实践过程中取得的辉煌成绩和对中国近代家政教育发展的历史贡献，从而探究高等学校家政教育的改革，有助于为新时代高校家政教育体系建设提供参考。

【关 键 词】 河北女师学院；家政学系；家政教育实践

【作者简介】 王永颜，河北师范大学家政学院副教授，主要从事家政学、教育史、教师教育研究。

中国近代家政教育在教育史上曾经有过一段辉煌，河北省立女子师范学院（以下简称"河北女师学院"）家政学系是中国自办高校设立家政学系之肇始，有着独特的历史意义和现实价值。河北女师学院的家政教育源

---

* 2022 年度国家社会科学基金后期资助项目"绽放的美丽：河北女师学院家政教育的历史考察"（项目编号：22FJKB012）。

起清末的家政课程，经历了初步探索、蓬勃发展以及艰苦曲折等发展阶段，在培养目标、课程设置、师资队伍、实践教学、学生活动等方面进行探索与创新，形成了独具女师特色的家政教育经验，对今天家政高等教育具有很好的借鉴价值。

一　河北女师学院家政教育的发轫与演变

河北女师学院的家政教育萌芽于清朝末年，发展于民国时期，系统且完整地记载了我国家政教育的办学历程。河北女师学院自 1917 年设立家事专修科开始，至 1949 年停办，前后历时 30 余年，家政教育一直独具特色。河北女师学院家政学系为我国培养了一大批优秀家政人才，在启蒙女性智慧、推动家政学科发展等方面做出了突出贡献。

（一）源起清末的女子家政课程（1906~1911 年）

河北女师学院的家政教育可以追溯到清末新政时期的北洋女师范学堂。1906 年 6 月，傅增湘着手创建北洋女师范学堂，同年颁布《北洋女师范学堂章程》，规定简易科分为文科和理科两部。《北洋女师范学堂章程》比学部制定的《奏定女子师范学堂章程》还要早，是 20 世纪初叶教育制度的一项创新，也是我国首部女子师范教育章典，是女子师范教育制度化、规范化的开端。学堂顺应时代发展之需，针对女性特点，开设与女子教育相关的家政、手工、游戏课程。其中家政科目包括家事、卫生、衣食住、育儿、看护、家计簿记等课程，其要旨"在使能得整理家事之要领，兼养成其尚勤勉、务节俭、重秩序、爱清洁之德性"。这些家政课程教授女子家事技能，其目的仅仅是培养小学师资，以期普及女学。这些家政课程具有了明确的女子师范教育特点，体现了师范教育的职业化特征。

（二）民初家政教育的初步探索（1912~1928 年）

1912 年春，南京临时政府颁布《普通教育暂行办法》，规定"从前各项学堂均改称学校"①，学堂因此更名为北洋女师范学校。1913 年，学校改为省立，更名为直隶女子师范学校。1916 年，学校更名为直隶第一女子师范学校，经张伯苓推荐，"留学日本广岛高等师范毕业生齐国樑，现经电调回国，昨奉巡按使朱经帅委派为直隶女子师范学校校长，齐君昨已谢委莅该校，与代理校长张伯苓君接交办理"②。齐国樑于 1908 年和 1912 年两度留学日本，对日本的女子教育印象深刻，他回国以后极力倡导兴办女子实用教育。"家事教育——除对省立女师课程着重实用外，并于民国七年，设立家事专修科，以培养中等女校师资。"③ 1917 年经省府批准，直隶女子师范学校设立家事专修科，为中等女校培养师资。虽然这班学生毕业后并未续新招生，但家事专修科是学校家政教育的早期尝试，也是我国首次在高校中开设家政学科，拉开了我国家政高等教育的帷幕。1921 年 37 岁的齐国樑赴美国学习家政学，求学期间开阔了眼界，增长了知识，尤其重点考察了美国的家政学科。在美国留学期间，他发现美国的女子在外交际处事能力较强，在内处理家务也不差，一切都好像比男子的能力要强，而"这样进步，完全由于家事教育实施的效果"④。

（三）河北女师学院家政教育的蓬勃发展（1929~1937 年）

1926 年，齐国樑回国后一直致力于家政教育。1929 年 4 月，国民革命军第二次北伐胜利后，在齐国樑的积极建议下，河北省政府决议成立河北省立女子师范学院，设立家政、国文两系，家政学系"以造就女子师范及中学校家政教育，并以改善我国家庭生活为主旨"⑤，开始招收家政学专业本科学生。由齐国樑继续担任校长，且兼任家政学系主任。齐国樑担任

---

① 尚海等：《民国史大辞典》，中国广播电视出版社，1991，第 164 页。

② 《益世报》1916 年 1 月 10 日。

③ 齐国樑：《省立女师学院院长齐国樑报告》，《河北教育》第 7、8 期合刊，1948 年 9 月 1 日。

④ 齐国樑：《国立西北师范学院二十九年度第一学期第二次应约出席纪念周讲演》，《国立西北师范学院校务汇报》1941 年第 22 期。

⑤ 《家政学系概况》，《河北省立女子师范学院一览》，天津市档案馆，档案号：J0164~1~000001~00164，第 118 页。

校长后，一方面多方网罗人才，聘请具有国外丰富留学经验的教师；另一方面建设校舍，广添设备。1929 年 9 月 10 日，河北女师学院正式开学，家政学系成为最早设立的系之一。到 1937 年 7 月，学院部设有国文、英语、史地、教育、家政、音乐、体育等 7 系 28 班，师范部 12 班，中学部 6 班，小学部 12 班，幼稚园部 3 组，总计学生 2000 余人，毕业生遍及各省。[①] 短短的 8 年间，家政学系随着河北女师学院的创建与发展，经历了"从无到有，从有到精，从精到强"的蓬勃发展历程。家政学系重视学科体系建设与创新，构建了比较完备的家政教育体系，在课程设置、教师队伍建设、实验设备更新、副系设置等方面进行了卓有成效的探索。20 世纪 30 年代河北女师学院家政学的建设水平堪称全国家事教育的佼佼者。

（四）河北女师学院家政教育的曲折历程（1938~1949 年）

正当河北女师学院家政学系开办得如火如荼之时，1937 年爆发的抗日战争打破了这份宁静。七七卢沟桥事变之后，天津沦陷，河北女师学院也不幸遭到轰炸，"学校器物被掠夺，损失中外图书 57000 余册、中文期刊 210 种，院务处于停顿"[②]。形势危急之时，在院长齐国樑的带领下，河北女师学院师生西迁陕甘，并与北平大学、北平师范大学、天津北洋工学院三所学校合并，于 1937 年 9 月 10 日组建西安临时大学。家政学系整编迁入，并维持独立建系。在条件艰苦的大后方，河北女师学院开始了在西北的 8 年艰辛办学。一直到 1945 年抗战胜利，河北女师学院终于收到了复校的消息。

1946 年 5 月，经历种种坎坷曲折，河北女师学院在天津正式复校，并计划 8 月招生，于 9 月正式开学。河北女师学院在 20 世纪 30 年代前后所取得的发展与成就是非常辉煌的，1946 年 7 月 26 日《大公报》（天津版）就刊登了这样的消息：女师学院"抗战期间，该院家政学系因成绩优良，除获得庚款保管委员会之辅助外，并经教育部核准，附设兰州临时大学，

---

① 张在军：《西北联大抗战烽火中的一段传奇》，金城出版社，2017，第 49 页。
② 邱士刚：《河北省立女子师范学院西迁与复员之路》，《河北师大报》2008 年 12 月 10 日。

继续办理"。经过两年的整顿，复建后的河北女师学院已初具规模。至
1947 年 6 月，河北女师学院基本恢复了正常的教学秩序，设置教育、国
文、体育、家政、音乐五系，学生 127 人，一切都渐入正轨。至 1948 年，
家政学系有两个班级，学生 40 人。1949 年新中国成立后，家政教育在高
等教育体系中被拆散，并归属于其他学科。河北女师学院家政学系于 1949
年 8 月停办，家政学系学生并入教育系，称为幼教组。

二 河北女师学院家政教育的实践创新

河北女师学院作为我国自办高校中首开先河创办家政教育的学校，在
其 30 余年的办学历程中形成了独特的办学风格。其培养目标的独特性、课
程设置的全面性、师资队伍的专业性、实践教学的创新性、学生活动的丰
富性，为我国近现代家政教育增添了浓墨重彩的一笔。

（一）培养目标：改良家庭家政教育的专门人才

培养目标是一所学校办学的根本所在。家政学系作为河北女师学院的特
色系科，其培养目标也具有独特性。培养合格优秀的女子教师，进行专业化
的家政教育是河北女师学院家政学系的重要内容。1929 年河北女师学院家政
学系成立之后，随即颁布办学宗旨："以造就女子师范及中学校家政教师，
并以改善我国家庭生活为主旨。"① 在这个宗旨的指引下，家政学系制定了
更为详细的培养目标："1. 指导学生认识家庭为社会发展之基础；2. 授以家
政学知识技能，俾能充任家庭指导师之职任，并探择中外新旧家庭之优点，
诱导社会，改良家庭生活；3. 养成师范及中学校家政学科之教师。"②

家政学系的培养目标是办学宗旨的具体化，进一步说明了家政学系之

---

① 《家政学系概况》，《河北省立女子师范学校一览》，天津市档案馆，档案号：J0164～1～
000001～00164，第 118 页。
② 《家政学系概况》，《河北省立女子师范学校一览》，天津市档案馆，档案号：J0164～1～
000001～00167，J0164～1～000001～00168，第 121～122 页。

后的办学方向与办学重点，是家政教育的指南针。可以看出的是，这三个培养目标逐级推进，且层次清晰。首先，家政教育的主要目的就是培养学生对家庭的意识，只有家庭幸福和睦，社会才能稳定，国家才能长久发展。其次，教授学生家政学专业知识技能，使学生能够担任家庭生活中的指导者，在此基础上，学习外国新家庭观念的优点，摒弃当时旧社会中旧家庭观念的缺点，从而改良中国的家庭生活。最后，作为一所师范院校，要培养的是能够从事家政教育的教师。河北女师学院家政学系的培养目标为家政学系教育工作的展开指出了明确的方向，为开展专业的家政学习与研究提供了良好的先决条件。

（二）课程设置：必修、选修文理艺兼顾的广博课程

受西方家政教育的影响，河北女师学院的家政学系摒弃了中国旧社会的教育模式，引进西方家政教育模式与课程体系，并做了本土化改进。1929 年，家政学系成立初期，招收学生一班，为一年级学生，开设生活必需课程、物质研究课程、辅助理家课程三大门类课程。[①] 其中生活必需课程包括服装、食品、居住三种。课程学习时限为 4 学年，分为必修与选修两种，具体为公共必修、本系必修、副系必修以及选修课目四类课程，且每门课目都有学时与学分的具体规定。

家政学系有高等化学——有机化学、社会学及社会问题、织品与衣服、家政学概要、生物学、生理学、经济学、簿记学、衣服洗染及调色、园艺、实用服饰设计、食物选择及调制、营养学、食物选择及食物经济、家庭卫生及看护、儿童保育法、家庭布置及管理、家政学教学研究、家事实习、参观实习、论文 21 门必修课目；高等缝纫及级工、制帽学、食物霉菌学、食物贮藏、疾病膳食、婴儿及儿童之营养、家庭问题讨论 7 门选修课目。除本系必修课程外，还有副系必修课程。副系必修课程指的是家政学系的学生在其他系学习时所需要选择的课程。家政学系学生的副系必修

---

① 《家政学系概况》，《河北省立女子师范学校一览》，天津市档案馆，档案号：J0164～1～000001～00168，J0164～1～000001～00169，第 122～123 页。

课程主要选择的是图画副系和音乐副系的课程。西迁陕甘办学时期，家政学系在必修与选修基础上进　步精进课程，涉及的范围更为广泛，如家政的专业课目包含家事、衣、食、住、医疗、管理、教育等方面。种类丰富多样的课程是培养优秀家政人才的基础。

（三）师资队伍：留学经历，扎实殷厚的专业知识

说到家政学系的教师，不得不提的就是齐国樑校长。齐国樑于1916年担任直隶女子师范学校校长，作为当时我国中等师范学校中唯一具有国外留学经历的校长，齐国樑不仅有着先进的教育知识和技能，还将国外家政教育理念引入学校办学中。齐国樑作为河北女师学院的校长，不仅先后亲赴美国和日本学习家政专业知识，还聘请了诸多具有国外留学经验的学者来校担任教师，如王非曼、孙家玉、程之淑等，都是留美归来的家政学硕士。据载，1936年河北女师学院家政学系共有教师13名，其中教授4名、讲师5名、助教3名、指导员1名，[①] 且这13名教师中有6名教师有美国或日本的留学经历。这些优秀的学者不仅带来了家政学的学科知识，还带来了家政教育的先进理念和学科体系。

家政学系自1929年建立至1949年，先后有63名教师执教于家政学系。其中单贵我、吴松珍、孙家玉、齐国樑、孙之淑、庄定华6位家政学教授和专家先后任系主任；齐国樑、孙家玉、陈慧苏、孙金胜、黄玉莲、孙之淑、王非曼、何静安、慈连炤、王敏仪任教授；陆秀、高福媛、王任之、李立民、柴景旭任副教授。[②] 正是这些优秀学者为家政学系注入的新鲜活力，才推动了河北女师学院家政教育的创新发展。

（四）实践教学：实验实习，门类多样的家政实践

与其他学科相比，家政学是一门非常注重实践能力培养的学科。只有

---

① 《河北省立女子师范学院职教员一览表》，河北省立女子师范学院1936年10月印，第1~9页。
② 《北洋公牍类纂》卷十一，学务二，光绪丁未年（1907）九月初版。

学生将所学的家政专业知识灵活地运用到实际生活和实践当中，才能体现这门学科的真正意义。河北女师学院的家政学系非常重视学生实践能力的培养，设系之后，就不断添置实验实习设备，以培养学生的动手实践能力。至 1934 年，家政学系共设有化学实验室、食物学实验室、生物学实验室、营养学实验室、微菌学实验室、染织实验室共 6 个实验室，"凡有关于家政的研究进行方面，无所不备，为全国之冠"①。在学校内东北角，还设置"模范家庭院"，且大略配齐新式家庭用具，以供家政学系四年级学生实习使用。除此之外，家政学系还组织学生进行实习参观。例如，家政学系对本院学生主办的妇女民众补习学校进行推广；与杨村省立乡村实验民教馆合作，将农村设置为试验区，开展推广家庭改进实验工作等。1939年西迁陕甘时期，家政学系还设置儿童保育实验室，提高了学生的实践能力。除添置实验设备及设置实习场所、引导学生参观实习之外，河北女师学院家政学系的教师在教学过程中也一直秉持教学与实践相结合的原则，引导学生参加实践。

三　河北女师学院家政教育的当代价值

河北女师学院家政学系经历了曲折的发展历程，在家政学系师生的共同坚守下，不断开拓创新，形成了鲜明的教学特色和人才培养模式，对当今新时代家政教育发展及其学科建设仍有诸多借鉴价值。

（一）家政教育的本土化探索

河北女师学院家政学系的教育理念和办学模式是女师人根据特有的国情制定的属于自己的发展路线，特色鲜明而且独树一帜，是民国时期国人自办高等家政教育的代表。在许多西方国家，家政教育的发展远比中国完善。美国作为家政学的发源地，其在家政人才培养模式上已经形成了一套非常完备

---

① 戴建兵、张志永编《齐国樑文选集》，天津古籍出版社，2012，第 242 页。

且成熟的体系。在美国 1500 多所高校中有 780 所设有家政学系，有的还可授予硕士、博士学位。① 当前，我国家政教育还处于发展较为缓慢的阶段，应当学习借鉴西方国家成熟的家政学教育教学方法、理论体系、人才培养模式等，构建出本土化的、具有中国特色的新时代家政教育体系。

（二） 建立完备的家政学学科体系

河北女师学院家政学系具有一系列比较完备的办学主旨、培养目标、科目类别、课程分配、学系规则等，其学科体系的完整性、独立性对我国当前家政教育有着很好的借鉴意义。家政学学科具有一定独特性，同其他学科一样，需要不断构建自己的学科理论体系。目前我国的家政学还未形成独立的学科理论体系，学科地位较低，这就难以保障家政学学科的长久繁荣发展。所以，当前应当建立从国家到地方的各级各类家政教育研究机构，完善家政教育体系和家政学学科理论体系，使得家政学能够健康、科学、稳定地发展。

（三） 加强师资队伍建设

河北女师学院家政学系的教师多是外籍专家或者留学归来的人才，他们有着丰富的文化内涵、先进的国际视野，推动了家政教育的蓬勃发展。高水平的家政教育需要高水平的家政专业人才，更需要具有国际视野的优秀人才加盟。所以，家政教育的发展亟须吸纳和培养高素质家政师资，更需要一大批全身心投入家政教育教学与研究的专家、学者的积极参与。当前，我国家政学学科发展以及人才培养确实存在很多困难，但是随着党和国家的高度重视，家政学已经迎来了发展的机遇期。这就需要家政学人抢抓机遇，积极探索，不断进取，使新时代家政学继往开来，开拓创新。

（编辑：高艳红）

---

① 阿力贡：《我国家政教育的发展及其价值》，《陕西师范大学学报》（哲学社会科学版）
2009 年第 S1 期。

Home Economics Education in Hebei Provincial Women's Normal University: Evolution, Innovation and Inspiration

WANG Yongyan

(College of Home Economics, Hebei Normal University,

Shijiazhuang, Hebei 050024, China)

Abstract: Hebei Provincial Women's Normal University, as the beginning of the Home Economics Department in a state-run university in China, has unique historical significance. This paper studies the history and characteristics of the home economics education of Hebei Provincial Women's Normal University, discusses its achievements and historical contribution to the development of modern home economics education in China. It is of reference to the reform of home economics education and the construction of home economics education system in colleges and universities in the new era.

Keywords: Hebei Provincial Women's Normal University; Home Economics Department; Practice of Home Economics Education

埃伦·理查兹家政思想形成背景、发展脉络及核心内容*

高艳红

（河北师范大学家政学院，河北石家庄 050024）

【摘　要】19 世纪后期，随着美国工业化迅猛发展，一大批女性的权利意识觉醒，她们认识到女性应与男性一样参与社会事务，女性应从"家事管理"走向"国事管理"，女性应在科学指导下提高"家事活动"效率而获得自身解放。在这样的时代背景下，埃伦·理查兹家政思想应运而生。埃伦·理查兹家政思想的形成不是偶然的，而是有其特定的历史背景和社会成因。在她推动下 1899 年第一届美国家政学年会的召开，标志着美国以埃伦·理查兹为代表的科学家把已知知识运用到生活实践的集体苏醒，表达了家政专业与社会发展及生命质量提升需求的高度关联。

【关 键 词】埃伦·理查兹；家政思想；形成背景；发展脉络

【作者简介】高艳红，河北师范大学家政学院副教授，博士，美国佛罗里达州立大学访问学者，主要从事家政产业发展、婴幼儿早期发展研究。

---

* 河北省社科联课题"基于跨文化比较的国际家政教育发展趋势研究"（项目编号：20210101017）。

　　世界上有许多关于"无知"的论述。苏格拉底认为"傲慢是无知的产物",车尔尼雪夫斯基说:"无知就是无力。"历史上有这样一位女性,她付出了毕生心血,用实际行动与"无知"进行斗争,以唤起人们对女性、科学及生命的尊重。她就是 1899 年美国家政学年会的发起者,1909 年成立的美国家政学协会创始人——埃伦·理查兹(Ellen Swallow Richards,1842-1911)。埃伦·理查兹一生充满传奇色彩,她是一位女权主义运动者,美国第一位女性化学家,麻省理工学院第一位女学生、第一位女教授。作为美国家政学运动的发起者和家政学学科体系的建立者,埃伦·理查兹强烈抨击美国的享乐主义现实,主张"科学知识应服务于生活,人们应当在居住、饮食、育儿等方面遵循科学规律,人类应与其家庭、社会和自然环境和谐相处"①,埃伦·理查兹家政学理念源于生态学之维,立足应用科学之度,以解决人们日常生活中"无知的困境"(inconvenience of ignorance)② 为宗旨,这种家政学理念充满对生命的敬畏和人文关怀,时至今日,依然对全球家政学发展有着广泛而深远的影响,更是美国反智主义盛行背景下应该思考的课题。

一　埃伦·理查兹家政思想形成背景与贡献

(一) 埃伦·理查兹生平及家政思想形成背景

1. 家政教育启蒙

　　埃伦·理查兹 1842 年 12 月 3 日出生于新英格兰州,父母均为当地教师,祖父"精通自然界和生物领域的许多常识"③。埃伦·理查兹从小受良

---

① Ellen Swallow Richard, A Speech in MIT Convocation Address, 1910.

② Pamela C. Swallow, The Remarkable Life and Career of Ellen Swallow Richards, WileyTMS, Press, 2014, p. 13.

③ Pamela C. Swallow, The Remarkable Life and Career of Ellen Swallow Richards, WileyTMS, Press, 2014, p. 2.

好的家庭教育环境熏陶，终身对知识充满渴望。埃伦·理查兹的启蒙教育以家庭为主，她母亲经常让她帮忙数针线活的针脚，通过读食谱和配料进行算术及识字训练，祖父则教她认识各种动植物和自然现象。13岁，埃伦·理查兹因绣手帕和烤面包在县里获得了一等奖，这次经历促进了她对家务劳动的热爱与对家政价值的思考。

2. 女性意识觉醒

高中毕业六年后，埃伦·理查兹进入维萨学院攻读大学，在此受到了发现"米歇尔彗星"的玛丽亚·米歇尔（Maria Mitchell）女权运动思想的影响，并清晰认识到"社会赋予女性太多偏见，女性要相信自己，女性与男性一样能在自然科学领域取得成功"[1]，"女性发展最大的障碍是对事物的恐惧，女性教育的目的应是通过获得知识了解真正的危险所在"[2]。

3. 家政思想积淀

19世纪的美国，女性社会地位极低，埃伦·理查兹就职屡屡受挫，不得已选择继续深造学习。埃伦·理查兹勇敢地申请麻省理工学院，并于1870年12月10日收到了录取通知书，成为麻省理工学院第一位女学生。1873年6月6日埃伦·理查兹获得化学学士学位。自此，埃伦·理查兹通过理论与实践相结合，逐渐建构起关乎人们生活质量的家政思想，并在此领域做出了卓越贡献。

（二）埃伦·理查兹的家政学贡献

埃伦·理查兹认为化学在日常生活中具有很强的实用价值，将科学研究与现实世界有效联结是她职业目标的关键特征。

1. 社会实践贡献

埃伦·理查兹家政学运动的发起基于两个相悖的社会现实：首先，工业革命使美国环境遭到严重破坏，家庭主妇迫切需要家庭卫生和科学生活

---

① Pamela C. Swallow, The Remarkable Life and Career of Ellen Swallow Richards, WileyMS, Press, 2014, p. 24.

② Carolyn L. Hunt, the Life of Ellen, Whitcomb & Barrows Boston, Press, 1912, p. 326.

的知识。埃伦·理查兹认为，家庭主妇应该接受良好教育，理解家庭生活如何才能更健康、更干净、更有效。其次，女性没有更多受教育机会。因此，1876 年 11 月，埃伦·理查兹自己筹资设立了女子科学实验室，为女性学习自然科学开启了一扇大门。此后，她进行了以下具体社会实践。

1878 年，她和自己的学生进行了一项关于识别食品掺假的研究，并促进美国出台第一部《食品和药品法案》；1881 年，她意识到环境破坏的严重性，与他人共建夏季海滨实验室；1887 年，埃伦·理查兹第二次得出纯净度表，制定了国家的第一个水质标准；1889 年，马萨丘塞特科技学院成立妇女协会，埃伦·理查兹成为第一任主席；1890 年，她建立新英格兰厨房项目，旨在为工人家庭提供低成本的科学制作食品的培训；1892 年，埃伦·理查兹在美国宣传"生态学"，以唤起社会对人类生存环境的保护意识；1893 年，埃伦·理查兹在芝加哥世界博览会上开启拉姆福德厨房项目，呼吁民众科学饮食；1894 年，埃伦·理查兹改革了波士顿的学校午餐计划；1899~1908 年，埃伦·理查兹与麦维尔·杜威（Melvil Dewey）共同组织召开了十次家政学年会，在她的主导下，这些会议最终确立了家政学领域发展的标准、家政学科课程大纲和参考书目以及妇女俱乐部学习指南，确立了"家政学"的学科名称和专业地位，并促成美国家政学协会的成立。

2. 理论学术贡献

埃伦·理查兹的理论建树有：1882 年出版《烹饪与清洁化学：家政管理手册》（*The Chemistry of Cooking and Cleaning：A Manual for Housekeepers*），该书分别在 1897 年和 1912 年修订再版；1882 年出版《矿物质科普》（*First Lessons in Minerals*）；1886 年出版《食品原料掺假识别》（*Food Materials and Their Adulterations*），该书分别于 1898 年和 1906 年修订出版；1891 年出版《营养学》（*The Science of Nutrition*）；1900 年出版《卫生科学重新定义生活成本》（*The Cost of Living as Modified by Sanitary Science*），该书分别于 1901 年、1905 年、1913 年重新修订并出版；1901 年出版《食品成本：营养学研究》（*The Cost of Food：A Study in Dietaries*），

该书分别于 1913 年和 1917 年重新修订并出版；同年出版《营养学研究》（*A Study in Dietaries*）；1904 年出版《科学生活的艺术》（*The Art of Right Living*）和《基础营养学》（*First Lessons in Food and Diet*）；1905 年出版《居住成本》（*The Cost of Shelter*）；1910 年出版《优境学：环境控制科学》（*Euthenics, the Science of Controllable Environment*）。这一系列著作形成了关于家政学思想的完备体系，对家政科学发展产生了重要的奠基作用。

埃伦·理查兹一生对社会的贡献不计其数，其最伟大的成就在于发起了家政学运动，她将能够综合的所有科学知识应用到人们日常生活中，强烈抨击美国自私的享乐主义。埃伦·理查兹是一位社会革新者，是美国最早意识到家庭生活应以科学为基础、以生态为理念的改革家之一，她把看似简单的家事活动纳入科学范畴，帮助人们充分意识到科学的实践价值和家庭的主要责任，逐渐形成了一套完整的家政思想体系。

二 埃伦·理查兹家政思想轨迹与发展脉络

埃伦·理查兹通过自己的专业知识积极为社会解决环境安全和食品卫生问题，当她意识到美国有许多原本可以避免的疾病严重侵害人们的健康后，便花了 40 年的时间普及科学知识，发起家政学运动，提出了优境学（Euthenics）思想，为家政学发展奠定了基础。

（一）家政思想的萌芽

埃伦·理查兹在麻省理工学院读书期间，化学教授威廉·里普利·尼科尔斯（William Ripley Nichols）邀请她参加一项课题研究。1843~1845 年的爱尔兰马铃薯饥荒促使数千人移居美国波士顿，移民挤居棚户区，供水受到严重污染；工业革命的发展进一步加剧了环境污染；1872 年波士顿大火使这座城市的环境和水源变得更加糟糕。尼科尔斯决定率领团队测试水污染的状况以解决相关问题。其间，埃伦·理查兹分析了大量的矿物质、有机物及污水样品，发现了水中存在致病生物。由于研究结果十分精准，埃伦·理查兹在麻省理工学院毕业前就已成为国际公认的优秀的水资源科学家。1876年,她把自己的居所变成了美国第一个消费品测试实验室,称之为"正确生活中心"(the Center of Right living)。埃伦·理查兹不断向人们普及家庭卫生和饮食营养知识,教人们在进餐时考虑卡路里、蛋白质、脂肪和碳水化合物的比例。最重要的是,埃伦·理查兹通过自己的实际行动告诉人们,女性可以兼顾家庭和事业,女性的家事活动价值巨大,理应得到社会尊重。由此可见,将科学知识应用到日常生活已成她工作的重心,埃伦·理查兹家政思想已然萌芽。

(二) 家政思想的形成

埃伦·理查兹在各个领域的深入研究引起了美国社会学家麦维尔·杜威的关注,并于1898年邀请她去自己的普莱西德湖俱乐部(Lake Placid Club)做讲座,这次精彩的讲座促进了理查兹与杜威夫妇关于家庭科学理念的共鸣,他们决定召集全国热衷推进家政发展的社会学家共商大计。从1899年家政学年会召开伊始到1909年美国家政学协会成立,埃伦·理查兹和杜威夫妇及其他社会学家共召开十次会议讨论家政学的学科设置、师资培训、教材编写及体系建设。每年的会议均有规范大纲和专题演讲记录在册,十次会议记录可查阅的大纲文献便有1138页之多,充分说明埃伦·理查兹对该年会和家政学学科地位的重视。这一系列会议在美国历史上被称为"普莱西德湖会议"(Lake Placid Conference)。仅最初五年,参会人数就从10人增加到700多人。1908年7月6日,普莱西德湖第十次会议召开,会议的议题是家庭科学和社会研究,明确了家政学包括整体家庭环境建设,即优质生活的标准、理念、健康、娱乐和发展。[①] 大会促成了美国家政学协会成立,标志着埃伦·理查兹家政学思想的形成。

---

① 原文:The conference is for scientific and sociologic study of the home. Home economics includes the whole home environment, standards, ideals, health, recreation and development for an efficient life.

（三）家政思想的发展

在人类历史长河中，当新的工业和社会条件发生变化时，人们的生活将迎来新的机遇，这种变化也必然引起其他领域的革新。100 年来，埃伦·理查兹家政思想不断在实践中创新发展，引领人们生活质量提升。正如她常说的那样，"人们需要不断学习科学知识，科学价值与人们日常生活联系日益密切。一个人的意识边界越宽，其生活质量越高……厨师应当尽可能多地对他们所使用的肉类和蔬菜的成分和营养价值进行了解，而家政人员则应尽可能多地了解新鲜空气对身体系统的影响，以及下水道散发的气体和水污染对人类造成的伤害。经营家庭远比生产汽船或发动机重要得多"[1]，"对家庭的热爱和理解意味着我们将家务杂事赋予更高层次社会服务的意义"[2]。

家政学协会成立后的短短几十年中，成千上万工作者进入家政领域。美国公共卫生协会（American Public Health Association）和国家教育协会（National Education Association）十分支持家政学协会的工作。国家教育协会在 1910 年任命埃伦·理查兹为理事会成员，主要负责监督指导公立学校的家政学教学及科研活动。全国各地的中小学、大学和研究生院均先后开始设置家政学科目，美国各州和地区的家政组织也迅速壮大。该专业课程包括食品营养、家庭经济学、服装设计与纺织、住房与环境设计、人类发展与行为方式等。家政学发展趋势与埃伦·理查兹的初衷是一致的，即家政学这项新的研究源于解决人们日常生活"无知的困境"（the inconvenience of ignorance）。

三 埃伦·理查兹家政思想核心内容及概念界定

经过多年理论与实践探索，埃伦·理查兹逐渐形成了成熟的家政思想

---

[1] Pamela C. Swallow, The Remarkable Life and Career of Ellen Swallow Richards, WileyTMS, Press, 2014, p. 117.

[2] Richards, Shelter and Clothing: A Textbook of the Household Arts: 13.

内涵，以及对家政学概念的界定与探索。

（一）家政思想内涵

埃伦·理查兹的家政思想贯穿其社会实践及学术著作，其著作《优境学：环境控制科学》和 1899~1908 年家政学年会的发言和演讲，尤为清晰地表达了她的家政思想内涵。

在《优境学：环境控制科学》一书中，埃伦·理查兹提出了家政研究范畴主要包括个人生活和卫生习惯、社区居民生活条件、生活资料质量、婴幼儿养育和教育、应用科学普及、继续教育等，强调了家庭主妇是改善国民健康、增加国民财富的重要因素和经济力量，具体内容如下。

首先，家政学旨在提升环境质量。埃伦·理查兹认为，有意识地改善生活条件，可确保人的高效率生活，这既是优境学的内涵，也是家政学的出发点。

其次，家政学立足控制生命品质。"人类的生命力取决于两个主要条件——遗传和卫生，即出生前的条件和生命过程中的条件。"[1] 优生学研究通过遗传提高生命质量，而优境学研究通过控制环境提高人们的幸福指数。二者相比，优境学优先于优生学，因为通过培养高素质的社会公民，优生学问题可得以解决。

再次，家政学以促进科学的生活方式为归宿。埃伦·理查兹设计了一个生活模型，即 FEAST 模型。在这个模型中，F 指的是 Food，即餐饮时间，占每天时间的 1/10；E 指的是 Exercise，即锻炼时间，占每天时间的 1/10；A 指的是 Amusement，即休闲娱乐时间，占每天时间的 1/10；S 指的是 Sleep，即睡眠时间，占每天时间的 3/10；T 指的是 Task，即工作时间，占每天时间的 4/10（见图 1）。埃伦·理查兹认为，科学合理地分配时间是高质量生活的保障。

最后，家政学承担人类责任。埃伦·理查兹认为，人类应通过利用现有

---

[1]　Ellen H. Richards. Euthenics: The Science of Controllable Environment. Whitcomb & Barrows Boston, Press, 1912, pp. 3-4.

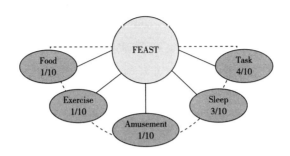

图 1　FEAST 模型

知识不断改善自己的处境，在现有条件下或可能无法完全控制的条件下，确保生活质量的最优化。确保当代及后代生命质量提升，是人类的责任。

（二）家政学概念界定

1902 年 9 月 16 日至 20 日，普莱西德湖第四次年会如期举行。随着家政思想在美国的传播与实践，越来越多的学者意识到家政学普及的迫切性和重要性。与会专家一致认为，通过在高校新建家政学系或在原有课程体系中开设家政学科目，可有效解决当时一系列社会问题，基于这一出发点，结合先前大量的社会实践，埃伦·理查兹与其他会议成员共同研讨并提出了家政学的概念与研究范畴。

广义地讲，家政学是研究与人的直观物质环境和作为社会存在的人的特征有关的规律、条件、原则和理念，以及二者相关性的一门学科。[1] 狭义地讲，家政学是经验科学，是一门专门研究家庭生活及烹饪等具体实践活动的学科。[2] 在家政学定义的形成过程中，与会成员也就其含义达成了以下共识："家政学或应被视为一门哲学，即关系研究，其所依赖的基础

---

[1]　Lake Placid Conference on Home Economics Proceedings of the Fourth Annual Conference, Preface：70-71.

[2]　Lake Placid Conference on Home Economics Proceedings of the Fourth Annual Conference, Preface：70-71.

学科，如经济学、社会学、化学、卫生和其他学科，其性质是经验的，与各种事件和现象有关。"①

根据埃伦·理查兹的观点，家政学研究领域包括营养学、食品化学和烹饪学，家庭卫生和健康，劳动成本与效率，工程学原理，生物学，生理学，物理学，数学以及经济学。此外，还应包括艺术、历史和美学。同时，通过 1899~1908 年家政学年会议题也可清晰地发现埃伦·理查兹家政思想的内容、内涵及对学科发展路径的设计。比如，1899 年第一届家政学年会的内容包括家政学分类研究、对已经出版的家政学资料进行索引标注和注解、为几位已选出即将升任领导的女性做准备工作、家政学科师资培训、家政学学科定位等。

四 小结

埃伦·理查兹家政思想的产生有其必然的历史背景，工业革命条件下，美国物质生产力极大提高，而人们适应社会的能力远未同步，造成了人们生活方式科学化程度与社会经济发展水平之间的巨大矛盾，其家政思想正是通过这一背景得以充分体现。在当时的美国，女性接受教育是普遍不被社会接受的现实，而以埃伦·理查兹为代表的最初的家政学家认为，女性接受高等教育非但不会影响她们抚育子女、管理家事，反而可促进女性运用科学知识高效率、系统化地进行家庭管理。在 20 世纪早期和中期，家政学科一直是帮助女性接受高等教育的通道和跳板。埃伦·理查兹在《烹饪与清洁化学：家政管理手册》中指出，"家庭是社会的心脏，健康的生活方式是社会发展的保障，高质量的家庭生活应以人们对家庭事务中各项化学原理的理解为基础，人们应该抓住一切机会将科学应用到日常生活

---

① Lake Placid Conference on Home Economics Proceedings of the Fourth Annual Conference, p: Preface: 70~71.

中，并最终使他们受益"①。

埃伦·理查兹的家政思想基于科学，用于实践，旨在服务全人类。我们可以通过她在华盛顿会议的演讲清晰地感受到这一点。

科学知识必须用于改善社会的基本单位——家庭的生活质量，因为家庭的幸福取决于社会进步为我们带来的福祉。无论21世纪拥有什么样的科学知识，我们都应以此为发展目标。②

控制你周围的物质世界，让自然和社会资源服务于你，这样我们才有更多时间和精力享受生活带来的妙曼、愉悦与滋养。③

（编辑：李敬儒）

Ellen Richards' Thought on Home Economics: Background of Appearance, Development Process and Tenets

GAO Yanhong

（College of Home Economics, Hebei Normal University, Shijiazhuang, Hebei 050024, China）

Abstract: In the late 19th century, with the rapid development of industri-

---

① Ellen H. Richards, The Chemistry of Cooking and Cleaning: A Manual for Housekeepers, Home Science Publishing Co. Boston, Second Edition, Press, 1987, p. 9.

② https://circle.ubc.ca/bitstream/handle / 2429/28194/UBC_1 988_A8%20096.pdf? sequence=1

③ Pamela C. Swallow, The Remarkable Life and Career of Ellen Swallow Richards, Wiley TMS, Press, 2014, p. 119.

alization in the United States, a large number of women was awakened to the awareness of their rights. They realized that women should participate in social affairs like men, women should move from "family management" to "state management", and women should improve the efficiency of "family activities" under the guidance of science to gain their own liberation. Under this background, Ellen Richards' thought on home economics came into being. It was not accidental, rather under specific historical background for specific social reasons. Ellen Richards promoted the convening of the first annual conference of home economics in 1899, marking the collective awakening of American scientists represented by Ellen Richards to apply known knowledge to life practice, manifesting a high correlation between the discipline of home economics and the needs of social development and improvement of life quality.

Keywords: Ellen Richards; Thought on Home Economics; Background of Appearance; Development Process

近现代中菲家政教育发展史比较研究[*]

张玲娜

（河北师范大学家政学院，河北石家庄 050024）

【摘　　要】近代以来，中国的家政教育随着社会进步而不断发展，时至今日，中国家政教育已有超过百年的历史，经济发展以及社会变迁导致的人们的需求变化，推动家政教育进一步发展成为迫切需要。同时，菲律宾家政服务业的发展居于当今世界领先地位，"菲佣"闻名于世界，追溯缘由，除了其特有的经济发展条件之外，同样离不开家政教育对家政服务发展所起的重要支撑作用。通过探究中菲两国的家政教育发展史，比较二者发展背景、目标以及发展现状的异同，得出要推动国家和各级政府共同参与、加大家政教育本土化的研究力度等启示，以促进中国家政教育的进一步发展。

【关 键 词】家政教育；家政教育史；中国；菲律宾

【作者简介】张玲娜，河北师范大学家政学专业 2021 级硕士研究生在读，主要从事家政服务业研究。

16 世纪中期，西班牙占领菲律宾群岛并对其命名，由此开始了对菲律

---

* 河北省高等教育教学改革研究与实践项目"基于 OBE 理念的我国家政学专业人才培养模式研究"（项目编号：2019XJJG026）。

宾长达 300 余年的统治，1898 年美西战争后菲律宾被割让给了美国，直至 1946 年菲律宾获得独立。1949 年前，中国处于半殖民统治之下，也深受西方国家的影响。中国和菲律宾开始步入现代化的时间同样十分接近，将近现代二者的家政教育发展史进行比较有着更加直观、明显的参考价值，这是本研究的出发点与落脚点，也是本研究的重要意义所在。

一　近现代菲律宾家政教育发展史

菲律宾的家政教育史总的来说可以划分为三个时期，分别是西班牙殖民时期、美国殖民时期以及菲律宾独立后。菲律宾的家政教育发展在这三个阶段各有不同，可以说其萌芽于西班牙殖民时期，发展于美国殖民时期，而其真正成熟是在菲律宾独立之后。

（一）西班牙殖民时期菲律宾家政教育发展

菲律宾从 16 世纪开始沦为西班牙的殖民地。教育作为西班牙文化渗透的重要手段，成为西班牙维护自身统治的重要工具，此时教会主导下的西式教育体系在菲律宾建立并得到一定的发展。家政教育在此时只存在于部分女子中学，主要设置了缝纫、刺绣等课程。家政教育只是萌芽，并未得到长足发展，由于西式教育具有浓厚的宗教色彩，初等和中等教育学校的设立均是为了让宗教义理得到更好的推广，而高等教育开设的目的主要是培养神职人员和统治殖民地的人才，重点主要放在学习法律、研究经典方面，未涉及家政相关内容。[①]

19 世纪初期，世界各国纷纷开展职业技术教育，西班牙殖民者也在菲律宾建立起第一批职业技术学校，[②] 这一方面在客观上形成了菲律宾职业技术教育的开端，另一方面为独立后"菲佣"的发展打下了坚实的基础。

---

① 蒋晓婉：《美国殖民时期的菲律宾教育研究》，硕士学位论文，贵州师范大学，2020。
② 张劲英：《菲律宾职业教育国际化的特色与启示》，《中国社会科学报》2019 年 8 月 16 日。

（二）美国殖民时期菲律宾家政教育发展

美国在 1898 年向西班牙发起战争夺取菲律宾主权并在此建立殖民统治，在殖民统治期间，美国为巩固政权制定和实施了一系列政策，其教育政策同样产生了重大影响，其对菲律宾教育体系进行的全面改革，不仅维护了美国自身的统治，也对独立后的菲律宾教育产生了重大影响。

家政教育的发展在菲律宾文治政府时期得到较大的重视。其间初等教育被分为初等、高等两个阶段，高等小学阶段又被分为普通高等和职业高等，家政教育的发展始于初等小学阶段并集中于职业高等小学阶段，初等小学阶段男生、女生在小学一年级都学习简易编物；到二年级，男生、女生开始进行差异化学习，男生主要学习篮类、园艺和家具制造，女生主要学习缝制和家庭烹饪。高等小学时期，女生仍然以缝制和家庭烹饪为主，而男性在初等小学职业课的基础之上增加了木工课。此时的菲律宾职业高等小学分为家事及家庭艺术科、农科、工科、师范等学科，除了基本文化课外，还开设了与所学科目有关的职业课。家事及家庭艺术科专门开设了伦理、女红、家庭烹饪、家庭卫生四门课。这些职业课的学习时长都超过了文化课，学生每周都有超过一半的时间进行职业实践。

美国所开设的中等教育，是以普通中等教育为主，1918 年以后开展以职业教育为辅的中等教育。普通教育最初以纯学术性为主，在 1918 年之后尝试增设职业教育课程，包括经济学、职业调查与家政、职业与家庭经济等，并且菲律宾在独立后依旧延续了这些课程，并开设了专门的职业中等教育家政学校，以培养拥有专业化家政技能、个人素养较高的家政服务人员。此时除开设提升家政人员自身素质的学术课程之外，还包括大概 10 门家政相关的职业技能培训课程，主要包括家政学、食品学、儿童看护、私人住宅与社区卫生等内容。一年级开设家务、烹饪和缝纫课程，二年级开设食品学、烹饪和刺绣课程，三年级开设儿童看护、家务课程，四年级开设私人住宅与社区卫生等家政课程。家政学校所涉及的知识面更加广泛，涉及家庭服务的方方面面，不仅包括家庭保洁和家庭杂务，还包括家庭饮食和家庭护理等。①

　　此时的高等教育主要是以菲律宾大学为代表，菲律宾大学的建立和发展是菲律宾高等教育发展演进的缩影，虽然此时的菲律宾大学并未开设家政教育学院，但菲律宾大学的建立为独立之后的菲律宾家政高等教育的发展奠定了良好基础。

（三）菲律宾独立后的家政教育发展

　　菲律宾受殖民统治时间较长，其家政教育的产生与初步发展均存在于殖民统治时期，但是直到菲律宾获得独立之后其家政教育才开始快速地自主发展。家政教育在菲律宾现代国际教育体系中成了一个必不可少的组成部分，与此同时，菲律宾的家政教育从孩子抓起，由于受美国殖民影响较深，菲律宾的中学教育大多实行男女分校，而在女子学校课程设置中，家政课极为重要。

　　1957~1958 年，菲律宾教育部修订小学课程计划，其课程设置中劳动教育成为主要课程之一，家务劳动是其内容之一。

　　1945/1946~1959/1960 学年，菲律宾私立中等职业教育课程设置多为短期职业培训课程，其中涉及裁制服装、烹饪等与家政息息相关的内容。

　　菲律宾在《1973 年中等教育修订方案》中明确了开设职业、家政、卫生等课程。②

　　1989 年，菲律宾课程设置开始实行统一的新课程。此时的新课程分为八大学科门类，其中家政教育包含在"技术与家庭经济"中。

　　1999 年，在菲律宾的初等教育中，家政教育被称为"家政和生计教育"，同"艺术与体育"共占据初等教育三到六年级每周课程时间的 200 分钟；而在 2002 年的菲律宾初等教育中，家政教育作为一门单独的课程（"家政与生计"）占四到六年级每周课程时间的 200 分钟。

　　菲律宾的中等教育作为基础教育的一部分，开设的课程分为普通课程

---

①　蒋晓婉：《美国殖民时期的菲律宾教育研究》，硕士学位论文，贵州师范大学，2020。
②　刘洁：《独立后菲律宾教育发展研究》，硕士学位论文，贵州师范大学，2014。

和中等职业技术教育课程。中等教育新课程于 1992~1993 学年开始实施，而职业技术教育根据当年的技术进步和就业需求进行了修改和调整。按照 1999 年的菲律宾中等教育周课程表，家政教育表现为"技术与家政"这一单独的课程，占据每周课程时间的 400 分钟；而在 2002 年的课程表中，家政、农业与渔业、工业艺术和创业一起，占据着每周 240 分钟的时长。[1]

菲律宾在独立之后高等教育蓬勃发展，家政教育在此时愈发成熟。菲律宾现有 2000 多所大学，几乎每所大学都有家政课，其中的一些品牌大学还设立专门的家政学院或者家政学专业，作为菲律宾规模最大、水平最高的综合性国立大学，已经有 103 年办学历史的菲律宾大学也是于美国殖民时期建立的最具代表性的高等教育的缩影，其完备的家政教育体系为"菲佣"的职业化提供了有力的教育支撑。

菲律宾教育部每年将大量教育经费投入菲律宾大学，菲律宾大学的家政学院成立于 1961 年，有室内设计、服装工艺、社区营养、食品工艺、家政学、饭店餐馆管理、家庭生活与儿童开发 7 个学士学位专业；家庭生活与儿童开发、食品服务管理、家政学、食品科学和营养学 5 个硕士学位专业；食品科学、家政学和营养学 3 个博士学位专业。

除菲律宾大学之外，菲律宾科技大学中的家政教育也具有比较完备的课程设置体系，其本科课程中设置有家政学，研究生课程中设置有技术和家政学教育的内容。

二　近现代中国家政教育发展史

中国家政教育同样源远流长，早在中国古代家政教育就有了其自身完备的系统。黄帝时期，嫘祖开始教民种桑、织布等家事，周代的家政教育是对女子的专门教育，已经十分系统化。再到汉代，女子的家政教育相当规范，如班昭的《女诫》就论述了大量女子持家理事的内容。[2] 唐代的

---

[1]　中国—东盟中心编《东盟国家教育体制及现状》，教育科学出版社，2014，第 181~197 页。

[2]　李晴：《从中国家政教育的历史透析现代家政学的发展》，《职业教育研究》2006 年第 9 期。

《女诫论语》也进一步详细阐述了对女子的家政教育。可以窥见当时的家政教育均是针对女子的教育，也并非一种专门的学校教育，延续了数千年也没有发生重大改变。家政教育直到清代末年才开始正式明文规定学制，也逐渐走向正规正式，面向大众和社会。①

（一）近代中国家政教育发展史

中国近代家政教育发展史主要划分为清末民初、北洋政府时期以及南京国民政府时期三个阶段。

清末民初是近代家政教育的兴起阶段，最初是西方传教士在中国设立女子私塾——教会女子学校，这一方面适应了中国的实际情况，另一方面是为了自身的生存。教会女子学校十分重视家政教育，最初课程设置以女红、刺绣和烹饪等衣、食、住方面为主，之后家政课程内容也随着社会的需求变化而调整，开始扩展到家庭的组织管理等方面。清政府迫于当时所处的外界环境，对女学从最开始的反对演变为被迫接受和承认，最终主动谋求发展。1907 年学部奏设女学，拟定《女子小学堂章程》，开设"女红"，要求学习缝纫、刺绣等，由此家政教育开始正式进入学校教育体系。民国初期，家政教育也一直受到重视，在中学的课程设置中包含家政相关课程。此时，女子学校教育所处的起始阶段使得此时接受中等教育和高等教育的女子还是少数，家政教育主要集中在初等教育上，课程内容主要有缝纫、刺绣、手工等。

北洋政府时期，五四运动所推崇的"民主"、"科学"以及"实用主义思潮"② 冲击着传统的家政教育，而北洋政府依旧认同培养"贤妻良母"，此时的课程设置以刺绣、缝纫、烹饪为主并受到重视，北洋政府颁布诸多法令以推动其发展，但在各种冲击之下家政教育发展缓慢，家政教育课程由必修变为选修，甚至一度被取消。

南京国民政府时期是家政教育发展的兴盛时期，此时的教育政策发生

---

① 张丽：《民国时期学校家政教育初探》，硕士学位论文，华中师范大学，2008。
② 元青：《杜威的中国之行及其影响》，《近代史研究》2001 年第 2 期。

变化，在重视烹饪等技艺的基础上，更加重视对家庭教育的改良。此时的中等教育，在初等教育的基础之上，不论是初级中学、高级中学还是职业学校均开设家政相关课程，如育婴、缝纫、家庭管理、家庭卫生等科目。而在当时的女子中等师范教育中，家政课程也占据着重要地位，政府对女子中等师范教育中的家政教育也给予了极大的重视。与此同时，家政高等教育开始发展，燕京大学家政系是中国家政高等教育的开端，家政教育被正式纳入高等教育体系，同时这也是美国高校家政教育模式在中国试用的先例。总的来说，此时的家政教育有了突破性的进展，家政教育形成了比较完备的学校教育体系，贯穿于初等、中等、高等教育各个阶段，教育的目标也逐渐回归到家庭生活当中。[①]

（二）现代中国家政教育发展史

新中国成立之后很长一段时间内，由于教育资源整合和教育模式调整，家政教育在中国的发展出现停滞，直到改革开放之后，随着社会经济不断发展，人们对生活品质的追求不断提升，家政教育才再次进入了一个新的发展阶段，再次被重视，各大高校相继开设家政教育相关专业。[②]但研究发现，现代家政教育的发展由于长时间停滞，目前尚未成熟，家政教育在初等教育以及中等教育中存在巨大缺口。近几年由于经济发展更加迅速，家政教育越来越受到重视。

目前，我国的中小学没有独立设置家政学科，与家政学科性质最接近的科目是劳动技术课，但是也成为一门边缘课程。我国专家学者纷纷建议应该对中小学的劳动技术课程加以重视，让青少年从小学习家政相关的熨烫、缝纫、烹饪等技能，这成为在中小学设置家政教育课程的一种推动力。中小学家政课程的设置，也将为家政高等教育的发展打下良好的基础。

2019 年《国务院办公厅关于促进家政服务业提质扩容的意见》中指

---

① 张密：《民国时期高校家政教育发展历程研究》，硕士学位论文，东北师范大学，2019。
② 吴文前：《观国外家政教育，思国内家政教育序列的完善》，《成都大学学报》（教育科学版）2008 年第 8 期。

出，政府支持一批家政企业举办职业教育，支持符合条件的家政企业举办家政服务类职业院校推动家政教育在中高等职业教育中的发展。

教育部就《关于营造家政行业人才发展良好环境，推动家政产业更好地服务民生促进就业的提案》的答复中，深度落实了国务院办公厅关于促进家政服务业提质扩容的部署，教育部提出要加强校企深度结合，深入推动产教融合，促进院校与家政机构合作育人、合作发展，将高校教育与市场需求对接，同时对接专业标准和行业标准，不断提高学生的专业水平和技能水准，输出高质量的家政人才。本科院校开展家政教育是适应当前社会发展要求的必然选择，当前我国开设家政学专业的本科院校包括吉林农业大学、河北师范大学、天津师范大学、北京师范大学珠海分校、郑州师范学院等，并不断增多。

三　近现代中菲家政教育发展史比较

通过梳理近现代中国以及菲律宾的家政教育发展历程，本文对两国家政教育从发展背景、发展目标、发展现状几个角度进行对比。

（一）发展背景比较

首先，近代中国和菲律宾均处于殖民统治之下，西方国家为巩固自身地位与发展，将教育作为一个重要手段。因此，二者家政教育发展均受到西方国家尤其是美国的影响，不同的是中国在美国之外还受到过日本家政教育的影响。另外，近代中国家政教育除了受西方国家影响之外，还受到自身国家政治变动的影响，根据统治者维持自身统治的需要而发生变化，这是由中国半殖民地半封建社会的国家性质所决定的。

其次，中菲两国家政教育在发展过程中均受到自身经济发展的影响，经济快速发展所带来的人们生活水平的提高使得其对于生活品质的需求不断攀升，从而推动家政服务的需求增加。家政教育对家政服务的发展起着重要的支撑作用，家政教育在这样的相互作用中不断发展。不同的是，菲律宾的家政教育在这一过程中并未中断，但是中国出现了长时间的停滞。

最后，中菲家政教育的发展离不开各自的政策支持，无论是否独立，菲律宾的家政教育都在政策支持下不断发展进步;[①] 中国家政教育也在政策支持下不断完善发展，包括当前国家对于家政教育的大力支持，如出台了诸多政策，都是推动家政教育发展的核心力量，但不可否认其发展中断也是政策所致。

（二）发展目标比较

中菲家政教育的发展目标在近代均是满足统治者维护自身政权、谋求发展的需要；之后则都是满足社会发展所带来的人们自身的需求变化。

不同的是，中国家政教育相较于菲律宾家政教育发展目标更加复杂具体，如清末民初中国家政教育发展的目标是"强国保种"；北洋政府统治时期家政教育的发展目标受到冲击，发生了一些改变；南京国民政府时期家政教育目标受到当时"优生强种"、救国救民以及母性主义教育目标的影响而发生改变。

除此之外，中国近代家政教育的目标更多的是培养所谓的"贤妻良母"，是在男性权力下对女性社会角色的建构，主要是为男性服务、为家庭服务。独立之前菲律宾的家政教育同样是针对女性的教育，其培养的目标是让她们从事社会工作，为社会发展服务。由此可以发现，中国家政教育比菲律宾家政教育发展缓慢。

（三）发展现状比较

时至今日，各国家政教育越来越受到重视，菲律宾以"菲佣"闻名世界，而中国的家政教育相对落后。

首先从课程设置上比较。菲律宾具有十分完善的家政教育体系，无论是初等教育、中等教育、高等教育还是职业教育，家政教育都占据着重要

---

① 张龙：《独立后菲律宾高等教育政策研究》，硕士学位论文，广西民族大学，2013。

地位，贯穿一个人的整个受教育时期。在中国的初等教育中，目前仍未设立专门的家政课程，大多数以劳动技术课的形式出现，但是并未受到足够的重视；中高等职业院校中的家政教育也尚处于起步阶段。菲律宾的家政教育与职业教育密不可分，中菲对比可以发现二者之间差距显著。菲律宾家政高等教育十分普及，目前有 2000 多所高校设立家政学，最具代表性的菲律宾大学具有独立的家政学院，有十分完善的人才培养模式；目前中国大多数学校只开设了家政专业，并且更多处于本科培养阶段，只有个别院校开设了家政硕士培养课程，如河北师范大学是全国首个独立设置家政学硕士点的高校，这在中国家政教育中已经领先，但目前还未开展家政学博士培养。

菲律宾培养模式中，美式教育参与感较强，充分发挥学生的自主学习能力，提倡学生积极发言，培养学生的批判创新精神，锻炼学生的自主性和求知欲，重视将知识传授与学生动手能力相结合，倡导知识活学活用，更加注重对实践能力的培养；而中国处于从应试教育到素质教育的过渡阶段，理论课程占比较高，十分重视理论成绩。同时，菲律宾在综合性大学培养师范类人才，但对教师并不设置强制进修要求；而中国设置专门的教育学院培养师范类人才，教师需要参加强制性的进修活动。

除此之外，中国当前家政教育理论研究基础十分薄弱，更多是对家政技能方面的培养，相较于菲律宾完善的家政教育理论体系还需要漫长的努力过程。同时，中国家政教育更多的是借鉴国外发展经验，尚未形成本土特色，这也是当前中国家政教育发展亟须解决的问题之一。

四　菲律宾家政教育发展史对中国的启发

对比菲律宾的家政教育，中国的家政教育显得发展迟缓，因此中国应该积极借鉴菲律宾家政教育发展的成功经验，汲取符合自身发展需求的精华去发展具有中国特色的家政教育。

（一）国家和各级政府共同参与

当前中国为促进家政教育蓬勃发展已经出台了诸多政策，但政策的出台只是开始，各地方政府应该积极响应国家政策，真正参与到政策实施过程中。同时各级监督体系应该发挥自身作用，只有各个组织机构合作才能在家政教育领域将政策从理论指导真正落实到具体实践中去，既要加快家政教育发展步伐，又要确保家政教育发展方向准确。

（二）加大家政教育本土化研究力度

家政教育如何实现本土化是中国家政教育发展中亟待解决的问题，中国家政教育发展迎来新发展时机，需要尽快走出一条符合自身发展特色的道路，要求中国找准自身发展定位，在借鉴参考国外成功经验的同时，结合当前所处的经济、社会环境，因地制宜、因时制宜地同时推陈出新。正如菲律宾在借鉴美国教育模式之后，结合当时国家经济发展需要，成功实现劳务出口，使得"菲佣"享誉世界。[1]

（三）推动家政教育在基础教育中的推广

家政教育体系的建立需要从基础教育开始，中国基础教育中的家政教育尚未形成独立体系，只是作为劳动技术课的形式出现，我们需要在基础教育中打好家政教育发展的基础，这样才能与目前所出台的针对中高等家政教育的政策有效衔接，实现家政教育的快速发展。[2] 同时，完善的家政教育体系对人才培养能够产生巨大作用，使得家政教育师资增强，最后又反馈到家政教育发展中，实现我国家政教育的独立发展，促进家政教育更好地融入我国的教育体系。

---

[1] 毕京福：《打造家政服务品牌探索居家养老模式——菲律宾、日本发展家政服务业启示》，《山东人力资源和社会保障》2012 年第 5 期。

[2] 李磊：《中外基础家政教育比较分析与启示》，《现代教育科学》（小学教师）2013 年第 6 期。

（四） 加强校企合作，推动产学研一体化

加强企业和高校的有效合作，在推动家政产业发展的同时，为家政专业毕业生解决就业问题，可以有效避免家政人才流失。同时，企业与高校之间的合作交流可以给学生带来更多的实践机会，有助于帮助他们将所学理论应用到实际生活中，激发学生的学习兴趣，促进他们继续投身于家政发展。另外，校企合作对于高校自身而言，能够让其准确把握社会发展需求，并及时调整教学内容、完善学生培养方案，培养出符合发展需要的人才。

（编辑：高艳红）

A Comparative Study of the History of Home Economics Education Between China and the Philippines in Modern Times

ZHANG Lingna

（College of Home Economics, Hebei Normal University,

Shijiazhuang, Hebei 050024, China）

Abstract：Since modern times, home economics education in China has been evolving constantly with the changing society, boasting a history of over 100 years. People's changing demands in this process make it urgent to promote the further development of home economics education. In comparison, domestic service industry in the Philippines leads the field in the world today, and "Filipino maids" are well-known all over the world. Apart from its unique economic development conditions, it is also inseparable from the support of home economics education to the development of domestic service industry. This paper delves into the history of home economics education in China and the

Philippines, comparing the similarities and differences of their development backgrounds, goals and current situation. It is suggested to promote the participation of the state and the governments at all levels and strengthen the research on localization of home economics education for its further development in China.

Keywords: Home Economics Education; History of Home Economics Education; China; The Philippines

老年人膳食营养与健康状况研究[*]

王会然

（河北师范大学家政学院，河北石家庄 050024）

【摘　　要】健康状况是决定老年人生活满意度及幸福感的重要因素之一，而营养结构和水平则在一定程度上决定了老年人的健康程度。随着年龄的增长，机体的多种器官及功能逐渐衰退，同时不合理的饮食习惯增大了老年人患多种慢性病的风险，这都对老年人的健康构成了威胁。本文通过查阅相关资料与调研，总结了老年人的生理特点、营养需求以及日常饮食中存在的各类问题，并针对相关问题提出了改善老年人膳食营养现状的建议与对策，为老年人的膳食营养与健康状况研究提供参考。

【关 键 词】老年人；膳食营养；健康

【作者简介】王会然，硕士，河北师范大学家政学院教师，主要从事营养与健康研究。

在我国，60 周岁以上被称为老年人。有调查显示，截至 2014 年 2 月，

---

* 河北省家政学会 2022 年度一般课题"老年人营养意识及饮食习惯研究"（项目编号：JJZ2022-YB006）阶段性成果。

中国 60 岁以上老年人数量已超过 2 亿，占总人口的 14.9%。[1] 随着社会人口老龄化速度的加快，老龄化问题越来越受到关注，与老年人相关的问题也逐渐成为研究的热点，如老年人的营养与健康问题、心理问题、社会适应问题等方面。

人体的衰老是客观存在的自然现象，老年人的多种器官及功能会出现衰退现象，如基础代谢下降、消化吸收能力减弱等，这些功能的减退将在一定程度上影响到老年人的健康状况。与此同时，老年人罹患各类慢性病（如高血压、糖尿病、冠心病等）的风险也逐渐增大，且面临营养不良与营养过剩并存等问题。刘晓君等人的研究表明，我国老年人慢性非传染性疾病的患病率高达 89.79%，形势不容乐观。[2]

健康状况是决定老年人生活满意度及幸福感的重要因素之一。随着经济的发展，健康状况受多种因素影响，其中饮食与营养是重要影响因素。合理的营养、良好的饮食习惯有助于改善老年人的健康状况及抗病能力。因此，增强营养健康意识、掌握一定的营养知识以及形成良好的饮食习惯对老年人来说就显得尤为重要，这将有助于其了解自身的健康状况，并根据身体状态适时调整饮食，促进身体健康。

一　老年人营养与健康状况研究现状

老年人的身体健康状况受多种因素影响，饮食是其中的重要因素之一。随着人们营养健康意识的不断提高，饮食与健康之间的关系越来越受到人们的关注。国内外众多学者针对老年人的营养与健康状况也做了众多深入研究。

---

[1]　新华社：《中国 60 岁以上老年人数量已超过 2 亿》，http://www.bj.xinhuanet.com/bjyw/2014/02/20/c_119414483.htm。

[2]　刘晓君、陈雅婷、蒙玲玲、林臻、阮文倩：《我国老年人慢性病患病数量与健康相关生命质量的关系》，《医学与社会》2022 年第 8 期。

国外关于老年人健康的研究较我国出现得早，在 1982 年就有了相关文献。[①] 英国政府于 1994 年 11 月 11 日在全国开展了一场"健康饮食运动"，要求人们采取一种新的生活方式，采用有利于健康的食物结构，其目的是降低 65 岁以下人口心脏病和中风的死亡率。[②]

樊申元、孙又树[③]对与"老年人健康"有关的文献进行了梳理，发现国内关于老年人健康的研究在 1992 年才出现，晚于国外整十年时间，且发文数量也少于国外，可见我国在此领域的研究起步较晚。近年来，我国学者关于老年人健康方面的研究主要集中在老年人身心健康、老龄化、健康治疗等方面，而对提高老年人生活质量、老年人社会健康等方面的研究则有所欠缺。目前我国老年人平均寿命延长，但总体健康状况欠佳。谢君等人[④]从生理健康、心理健康及社会健康三个方面分析了我国老年人的健康状况，研究显示我国老年人生理健康地区差异较大，心理健康整体水平较好，但社会健康情况较差，应采取相关社会支持及其他措施来改善老年人健康状况，提高生活质量。

近年来，营养与延缓衰老、营养与老年人常见慢性非传染性疾病的关系等领域已成为相关研究的热点。[⑤] 众多学者研究发现，高血压、糖尿病、高血脂等慢性病已成为影响老年人生活质量的重要因素。刘巧等人[⑥]通过对江西省农村老年人的调查发现，饮食口味偏重等不良饮食习惯、忽视日

① 樊申元、孙文树：《中外关于老年人健康研究的进展与热点分析》，《佛山科学技术学院学报》（自然科学版）2019 年第 4 期。
② 肖渭清：《"老人医院"与"健康饮食运动"》，《科学大众》1995 年第 4 期。
③ 樊申元、孙文树：《中外关于老年人健康研究的进展与热点分析》，《佛山科学技术学院学报》（自然科学版）2019 年第 4 期。
④ 谢君、陈英、黄背英、谢保鹏、裴婷婷：《老年人健康状况及社会支持影响研究——基于 2018 年 CLHLS 数据》，《卫生经济研究》2022 年第 7 期。
⑤ 陈孝曙、何丽、薛安娜、杨正雄、赵文华：《营养与老年人健康——现状、问题和对策》，《中国基础科学·科学前沿》2003 年第 3 期。
⑥ 刘巧、王军永、王力：《江西省农村老年人慢性病患病现状及影响因素分析》，《中国农村卫生事业管理》2021 年第 7 期。

常锻炼是老年人患慢性病的重要危险因素。刘璟等人①针对重庆市养老机构老年人的营养不良现状进行了调查，结果显示，重庆市养老机构老年人营养不良风险发生率高，营养素养、文化程度、慢性病患者数、机构类型等是其重要影响因素。整体来看，目前针对我国老年人的膳食结构、膳食习惯等方面研究较多，但关于老年人的营养知识、健康意识及行为的相关研究较少。

二　老年人的生理特点和营养需求

人体的衰老是一个自然现象，人体老化过程受社会环境、文化水平、活动水平、健康意识等多种因素影响，不同个体之间的衰老速度不尽相同。因此，了解老年人的生理特点及营养需求，为老年人提供合理的膳食将有助于老年人维护健康、延缓衰老、预防疾病。

（一）老年人生理特点

1. 器官功能减退

随着年龄的增长，老年人出现牙齿脱落，影响对食物的咀嚼，同时由于消化液及胃酸的分泌量减少，其消化吸收功能减弱，胃肠道蠕动缓慢，排空速度减慢，易出现便秘；此外，老年人还易出现血管硬化的现象。以上这些因素都有可能造成老年人无法更好地吸收营养，从而对身体健康造成威胁。

2. 代谢功能下降

老年人的分解代谢高于合成代谢，基础代谢功能不断下降。有研究表明，60岁人的基础代谢比20岁减少16%，70岁人的基础代谢比20岁减少25%。② 老年人体内的胰岛素分泌量减少，胰岛素受体敏感性下降，对葡

---

① 刘璟、许文馨、朱俊东、赵勇、肖明朝：《养老机构老年人营养不良现状及影响因素分析》，《护理学杂志》2022年第3期。
② 马莹：《老年人营养需求及膳食对策》，《中国食物与营养》2010年第4期。

萄糖的耐量下降。此外，随着年龄增长，老年人还出现肌肉组织减少、脂肪组织积累增多的现象。以上因素使得老年人罹患慢性病（如肥胖、糖尿病、高血压等）的风险增大。

3. 机体成分改变

老年人体内瘦体组织减少，肌肉开始萎缩，体内水分减少；老年人骨矿物质流失严重，且胃肠功能减弱及户外活动减少，也在一定程度上影响了钙的吸收，使得老年人易出现骨质疏松等症状。

此外，随着年龄增长，老年人体内免疫物质分泌减少，机体的免疫功能下降，对疾病的抵抗力也开始降低。

由于老年人生理功能上的诸多改变，其活动减少，动作缓慢不灵敏，若不注意营养的摄取及加强锻炼，则会出现智力减退、反应迟钝、加速衰老的情况，不利于老年人的健康。

（二）老年人的营养需求

1. 能量

老年人体力活动减少，基础代谢下降，体内脂肪组织增加，因此对能量的需求也在逐渐减少。老年人的能量摄入不宜过高，过多的能量易在体内储存并转变为脂肪，引起肥胖。

2. 蛋白质

老年人对蛋白质的摄入应以"优质适量"为原则。优质是指老年人饮食中应首选蛋类、奶、鱼、虾、瘦肉等优质蛋白质，这类优质蛋白质更利于人体的消化与吸收。适量是指老年人的蛋白质摄入量以维持机体氮平衡为标准，蛋白质摄入过少不能弥补机体蛋白质的损失，而过多则会加重身体代谢负担。一般认为老年人的蛋白质摄入量为每天 $1.27g/kg$ 体重。

3. 脂肪

老年人体内胆汁酸分泌减少，其对脂肪的消化能力下降，因此膳食中脂肪摄入不宜过多。于老年人而言，日常膳食中应以植物油为主，如花生油、玉米油、大豆油等，含饱和脂肪酸较高的动物性脂肪则应减少摄入。

4. 碳水化合物

碳水化合物是人体能量的主要来源，老年人胰岛素分泌减少，糖耐量降低，常吃精细碳水化合物易造成血糖升高。因此，老年人在膳食中应注意摄入一定量含膳食纤维多的食物，如粗杂粮（玉米、黑米、燕麦、荞麦等）、蔬菜、水果等。富含膳食纤维的食物可增强胃肠道蠕动、缓解便秘，且有助于改善血糖、血脂代谢，预防心血管疾病、糖尿病等疾病。

5. 维生素和矿物质

维生素及矿物质是老年人容易缺乏的营养素，如维生素 A、维生素 D、维生素 B_{12}、叶酸、钙、铁等。[1] 老年人由于户外活动减少，皮肤合成维生素 D 的量减少，从而影响钙、磷的吸收。有研究表明，维生素 B_{12}、叶酸及铁缺乏与老年人贫血、老年性痴呆及心血管疾病的发生有关。因此，老年人在饮食中应注意牛奶、豆类、瘦肉、动物肝脏、粗粮及新鲜蔬菜、水果的摄入，以满足机体对各类维生素及矿物质的需求。而对于钠盐，应控制摄入量，过多钠盐的摄入是高血压等疾病发生的危险因素。

三　老年人膳食中的常见问题

（一）膳食结构不合理

膳食结构是指人们消费的食物的种类、数量及其在膳食中所占的比重。大量研究表明，膳食结构不合理与多种慢性病的发病密切相关。如高能量、高蛋白质、高脂肪、低纤维的膳食模式易使人们出现严重营养过剩，是造成肥胖症、冠心病、高脂血症、高血压、糖尿病等"富贵病"的重要危险因素。

赵栋等人[2]对浙江省不同经济地区 60 岁及以上老年人的膳食结构进行

---

[1]　李小玲：《老年人营养与膳食》，《检验医学与临床》2006 年第 3 期。

[2]　赵栋、黄李春、苏丹婷、王伟、万跃强：《2010—2012 年浙江省不同经济地区 60 岁及以上老年人膳食结构状况分析》，《卫生研究》2018 年第 1 期。

了调研和分析，结果表明浙江省老年人的膳食结构远远达不到平衡膳食的水平，蛋白质、脂肪的供能比均高于推荐范围的上限，畜禽肉类摄入量也远高于推荐量。王淑娥等人[1]对济南市某区老年人膳食结构的调查发现，老年人膳食中肉类、蛋类、油脂类摄入量偏高，而豆类、奶类及水产品等摄入量较低，膳食中脂肪供能比偏高。刘佳、湛晔[2]的研究表明，老年人膳食结构的不均衡性有着明显的地区差异及城乡差异。此外，还有研究发现老年人膳食中维生素 B_1、B_2 摄入量偏低，这可能与老年人饮食中粗粮摄入量低，而精粮、细粮摄入量较高有关。

（二）饮食习惯不科学

饮食习惯是人们对食品、饮品的偏好，其中包括对食物原料、烹调方式、饭菜口味等多方面的喜好。科学、合理的饮食习惯有助于促进身体健康，而不良的饮食习惯则会对健康造成多种不利影响，如高盐饮食可导致血压水平升高，过多食用甜食、高油食品等易促使肥胖、糖尿病等多种慢性病的发生。

李春艳等人[3]对郴州市城区中老年人的饮食习惯调查发现，居民饮食习惯不容乐观，主要问题有经常不吃早餐，喜食咸食、甜食，牛奶或奶制品食用量少，动物油食用量较多等。丁洁等人[4]的相关调查显示，城市社区的中老年人同样存在饮食习惯不合理的问题。由此可见，提高老年人的营养意识、改善其饮食习惯对促进老年人健康水平的提高尤为重要。

（三）营养知识及健康意识有待加强

合理膳食是世界卫生组织倡导的健康四大基石之一，而普及营养知

---

①　王淑娥、郭冬梅、于红霞、冷家峰：《济南市某区老年人膳食结构分析》，《中国老年学杂志》2004 年第 2 期。

②　刘佳、湛晔：《中国老年人膳食营养结构及营养状况分析》，《食品与机械》2014 年第 6 期。

③　李春艳、肖清文、黄红玉、李小英：《郴州市城区中老年人不良饮食习惯调查》，《护理学杂志》2008 年第 17 期。

④　丁洁、王南平、罗彩云、田华、秦文琼：《城市社区中老年人饮食营养与健康状况调查分析》，《中国老年学杂志》2014 年第 7 期。

识、培养合理膳食的理念和习惯是改善居民健康状况及防控相关慢性病的重要手段。众多研究表明，老年人多种慢性病的发生与其膳食结构及饮食习惯密切相关。而老年人的营养知识掌握水平及健康意识对其日常饮食习惯有着重要影响。

洪少华等人①针对杭州市老年人的营养知识掌握现状及饮食习惯进行了调查，结果发现老年人普遍缺乏必要的基础营养知识及均衡膳食知识，且对自身饮食结构盲目乐观。宓伟等人②对烟台市老年人 KAP（营养知识、态度、行为）水平的调查显示，该地区老年人 KAP 水平总体较差，且男性的 KAP 水平明显低于女性。西安市的有关调查同样发现，老年男性的营养意识较女性更薄弱，膳食结构也不均衡，这可能与老年女性更注重营养保健有关。由此可见，老年人的营养知识掌握水平及健康意识均有待提高，掌握必要的营养知识及增强健康意识对改善其日常膳食行为有着重要作用。

四　老年人日常膳食改进建议

（一）加强营养知识宣教

鉴于老年人在饮食结构、饮食习惯等各方面存在的问题，如何帮助老年人改善饮食结构、形成良好饮食习惯是营养工作者、养老护理人员及家庭成员共同关注的问题。针对老年人这一特殊群体，我国已颁布了《中国老年人膳食指南》《中国老年人平衡膳食宝塔》等营养指南，用以指导老年人的日常饮食。此外，相关学者也提出了简单易懂的食物搭配方案，如"十个拳头原则"等③，便于更形象直观地指导老年人日常膳食。可通过多

---

① 洪少华、傅圆圆、严谨：《杭州市老年人营养知识掌握现状及饮食习惯的调查分析》，《全科护理》2015 年第 34 期。

② 宓伟、丁洁、周歌、张岩、王图：《烟台市不同性别老年人膳食营养与知识现状调查分析》，《营养学报》2016 年第 2 期。

③ 顾泳：《老年人吃素有利长寿？误区》，《解放日报》2010 年月 30 日。

种渠道进行营养知识普及，如加大社区营养知识的宣传和普及力度，采用网络、广播、电视、流动宣传栏、宣传册等多种形式进行宣教，提高老年人对营养健康知识的知晓率。

（二）指导老年人调整饮食结构，改变饮食习惯

随着生活水平的不断提高，老年人的营养健康状况有了较大改善，但仍存在膳食营养摄入不均衡的现象。合理的饮食结构及科学的饮食习惯是老年人健康状况的重要影响因素，因此，指导老年人形成合理的饮食结构及科学的饮食习惯就显得尤为重要。对于老年人群体，一是要保持均衡膳食营养，日常饮食中应摄入足量的优质蛋白质，如鱼、虾、蛋、奶等，多吃蔬菜、水果、豆类或豆制品；增加富含膳食纤维食物的摄入量，对于老年人预防便秘及一些慢性病的发生有着重要作用。二是要注意做到合理烹调，食物应硬度适中、易于消化，在日常生活中不吃或少吃油炸、烟熏、腌制的食物，少吃甜食，饮食宜清淡。三是饮食应有规律，可少量多餐，不宜暴饮暴食或过分节食。

（三）引导老年人积极参加体育锻炼，保持良好心态

适量的活动和体育锻炼有助于老年人促进食欲、维持机体的正常机能以及延缓衰老。要多引导和鼓励老年人适当参加体育锻炼和社会活动，这对于促进老年人身体健康、舒缓心情都有着积极的作用。此外，保持积极乐观的心态对促进老年人健康也非常重要。在生活中，要增加对老年人的亲情陪伴，这对于老年人保持良好心态、促进食欲也有着重要作用。

（四）加强各类养老机构的膳食营养管理

各类养老机构是老年人的另一重要生活场所，应加强对各类养老机构的膳食营养管理，如相关机构应进行营养健康知识的宣传和普及；聘请专业营养师为老年人设计食谱、合理配膳；经常性地为老年人进行营养状况监测并存档等。通过多种途径为老年人的合理营养、均衡膳食做好保障，

进而提高老年人生活品质及健康水平。

综上所述，老年人在饮食结构、饮食习惯等方面仍存在诸多不合理之处，造成这种情况的原因也比较多。让老年人吃得更好、吃得更健康合理是营养工作者、养老护理人员及家庭成员的重要责任。相信在多方的共同努力之下，老年人的膳食营养状况会不断改善，老年人也会享有健康而幸福的晚年，其生活质量及幸福感也将不断提高。

（编辑：朱瑞玉）

An Analysis of Dietary Nutrition and
Health of the Elderly

WANG Huiran

（College of Home Economics, HebeiNormalUniversity, Shijiazhuang,
Hebei 050024, China）

Abstract：Health is one of the important factors to determine life satisfaction and well−being of the elderly, whose nutritional structure and level then determine how healthy they are to a certain extent. As one ages, many his or her organs and functions of the body gradually decline. Unreasonable dietary patterns increase the risk of chronic diseases, which poses a threat to the health of the elderly. This paper makes an analysis of the physiological characteristics, nutritional requirements and the problems in the daily diet of the elderly, and puts forward some suggestions to improve the nutritional condition of the elderly and provides reference for the study of nutrition and health of the elderly.

Keywords：The Elderly; Dietary Nutrition; Health

首届全国家政学学科建设与专业
发展高峰论坛会议综述

李春晖　薛静宇　白雪玮[*]

（河北师范大学家政学院，河北石家庄 050024）

2022 年 4 月 16~17 日，首届全国家政学学科建设与专业发展高峰论坛以线上和线下相结合的方式在河北师范大学召开。论坛由河北师范大学主办、河北师范大学家政学院承办，由中国老教授协会家政学与家政产业发展专业委员会、河北省家庭建设研究中心和河北省家政协会协办，来自华中师范大学、日本福冈教育大学、河北师范大学、中华女子学院、吉林农业大学、南京师范大学、聊城大学、上海开放大学、北京开放大学以及阳光大姐集团、中国老教授协会家政学与家政产业发展专业委员会等 18 个高校、社团和家政服务企业的 22 位专家学者，围绕"新时代的家政学"论坛主题，做了精彩的会议报告。

一　会议概况

4 月 16 日上午，论坛举行了简单而隆重的开幕式。河北师范大学党委书记戴建兵教授致辞。他向与会专家学者在河北师范大学建校 120 周年之

---

* 李春晖，河北师范大学家政学院副教授，主要从事心理健康教育与家政教育研究；薛静宇，河北师范大学家政学硕士研究生，主要从事家政学研究；白雪玮，河北师范大学家政学硕士研究生，主要从事家政学研究。

际参加论坛、向长期以来关心支持河北师范大学家政学学科和专业建设的领导和各界人士表达了衷心的感谢。他说，河北师范大学是中国家政学的发源地之一，是我国家政教育和研究的北方重镇，是中国近代家政教育的起点，家政学也是河北师范大学的百年文脉之一；近年来，学校积极响应国家号召和经济社会发展对家政学专业人才的迫切需求，主动作为，复建了家政学专业并设置了家政学硕士研究生授权点，在家政学人才培养、科学研究、社会服务、师资队伍建设等方面不断取得新的进步；论坛的举办必将对我国家政学学科建设和专业发展起到积极的推动作用，也必将使河北师范大学家政学办学得到更好的发展。

河北省教育厅一级巡视员王廷山致辞。他介绍了近年来河北省主动适应家政业快速发展对人才需求的要求，积极鼓励有条件的高校发展家政学学科专业的相关情况。2019 年，河北师范大学成功复办家政学本科专业，并成为全国第一个自主设置家政学交叉学科的高校。截至目前，河北省共有 21 所中职学校、18 所高职院校、一所本科高校设置了家政学相关专业，初步建立起从中职到研究生较为完整的人才培养体系。家政学专业招生人数也在以每年近 60%的速度持续增长，专业建设水平不断提高，人才培养能力逐步增强；但是同时也要看到河北家政教育总体实力还有待加强，与国家战略需求、京津冀区域发展对高水平家政人才的需要相比还有一些差距。这次论坛对推动河北家政教育的发展、提高办学水平和人才培养质量都具有非常重要的意义。

河北省妇联党组书记贾玉英致辞。她对论坛的举办表示祝贺，认为论坛将对建设家政教育中国模式、培养高质量的专业化家政人才起到重要的推动作用；河北师范大学为推动河北家政产业提质扩容、推动新时代家庭建设和家庭服务做出了积极的贡献；2022 年 2 月，河北省妇联、河北师范大学联合组建了河北省家庭建设研究中心，旨在为家庭建设、家政服务提供理论指导和实践支持。

此外，中国老教授协会家政学与家政产业发展专业委员会秘书长周柏林也发表了热情洋溢的致辞。他表示，专委会将努力携手探索家政服务业

"产教融合、提质扩容"的新模式、新业态、新路径,为我国家政学教育的发展和家政服务行业发展贡献一份力量。

河北师范大学家政学院院长李春晖主持了开幕式,并就举办此次论坛的"共享家政学研究成果,共谋家政学新发展,共同谱写家政学的时代篇章"的目标以及相关情况做了简要介绍。

二 研讨的主要问题

与会专家学者围绕"新时代的家政学"这一主题,从不同视角与关注点出发,聚焦并呈现出以下重点与热点问题。

(一) 国内外家政教育发展研究

华中师范大学申国昌教授对"'双减'背景下的生活·实践·家政教育"进行了深入的探讨和思考。他认为,家政教育分为三种基本类型:一是家政职业教育,以职业院校为主,要求学生掌握家政学基本理论和管理方法,具备家庭教育、理财等知识与技能,能够从事家政教育培训、家政机构运营管理等工作;二是家政师范教育,旨在培养掌握系统家政学理论知识和研究方法,具备家庭教育、理财、护理、保健等知识的专门研究人才和从事家政职业教育的专业教师;三是家政素质教育,主要面向中小学,就是把家政教育纳入日常的教育范围之内,成为中小学教育的一部分。他还对家政教育的推进提出了六条建议:第一,推进宏观策略,搞好顶层设计;第二,加强学科建设,增强适应能力;第三,培养专业师资,加强队伍建设;第四,纳入素质教育,开设家政课程;第五,重视家政研究,提升专业品位;第六,注重学科交叉,协同融合创新。

中国教育科学研究院的研究员储朝晖教授以"家政、家教与生活"为题,以"家"的发展为线索,探究了家政、家教与生活的内在逻辑。"家政、家教与生活"不仅可以贯通2000多年中国的历史,还可以横向覆盖家政研究的范围。对家政学、家庭教育以及家庭生活进行探究,剖析三者各自的发展变化，构建三者之间的联系，可以进一步推动家政学的发展与进步。家本身或者家政本身依然在我们学术视野范围内，是一个学术的话题，但是家在变，家政也在变，在这种变化的情况下再来讨论家政才会跟上形势、符合潮流、跟上时代的发展步伐。在当前现代化背景之下，家庭的发展更多注重的是个体，关注个体的权利和个体的发展，这是整个人类现代化发展的一个基本趋势和基本逻辑，它与家政的现代化，包括教育的现代化都有一个共同的取向，就是生活。我们都需要到生活当中去。

日本福冈教育大学教育学部家政教育系贵志伦子教授做了"日本家政教育的现状：围绕学校教育中的学习指导纲要的修订来展开"的主题报告。她首先介绍了日本的家政学定义和涉及范围："家政学是以家庭生活为中心，关于人类生活中人与环境的相互作用，从人与物两面出发为研究自然、社会、人文等各种科学奠定基础，促进生活进步，为人类福祉做出贡献的综合学科。"其次介绍了日本学校中的家政教育课程。在日本，家庭科教育是从小学到高中所有孩子都必修的一个科目；中学的家庭科教育属于技术家庭科中的家庭部分；普通高中学生可以从家庭基础和家庭综合中选一个作为必修课。最后她对日本当下正在实行的家庭科教育大纲的情况进行了介绍。

（二）家政学学科建设研究

中华女子学院孙晓梅教授以"家庭学科的建立与发展"为题，从现代女子教育的源头出发，介绍了女子教育、家事教育的发展脉络，梳理了家政学发展的历史逻辑，提出了家庭学科的建设思路，并介绍了中华女子学院积极探索家政学学科建设的思路。在家庭学科建设中，家庭教育在家庭学科中的地位十分突出，建立家庭学科非常重要。家庭学科属于跨越国界的学科，整个国民教育发展规划及专业人才培养方向要求将家庭学科纳入整个教育体系当中。建立一个比较完整的家庭学科体系，可以弥补全社会关于家庭生活理念、思维方式、科学知识传递的缺位状态。设立家庭学科，可以从家庭的角度制定更多的社会政策，为社会政策的制定提供学科理论支撑。

台湾地区家政学专家张承晋教授围绕"中国台湾地区中学必修科目家政课程之设计、规划与执行"，对美国、日本、中国香港、中国台湾地区的中学家政学科的发展和相关内容做了全面的介绍，为我们未来家政学的中学学科的课程建设和我们家政学师范专业的建设，提供了很好的借鉴和方法。他认为，家政学只有和时代共振、与人们的需求相适应，才可能更好地成为一个新的学科。

南京师范大学熊筱燕教授以"当代中国家政学人的知识构架探析"为题，从认清当代中国家政学学科使命入手，探析了当代家政专业人才应具备的知识构架。她认为，中国当代的家政学人的知识体系构架应该包含七个方面的内容，分别是家庭学、子女教育、饮食科学、家庭管理、家庭的健康管理、家庭消费、家庭农业产品规划。

河北师范大学李敬儒老师围绕"以美好生活为导向的家政学专业本科课程体系建设研究"进行了会议报告。她结合自己在课程教学中的实践经历提出，新时代美好生活需要的内容应当包含美好生活的物质内容、政治内容、文化内容、社会内容和生态内容。家政学专业本科课程体系分为家庭物质生活、家庭精神生活、家庭生活与社会、人类发展与健康、家庭与环境等模块。

河北师范大学王德强副教授以"为人民谋家庭幸福的新时代中国家政学"为主题，指出家政学作为关乎家庭福祉的一门学科，应将家庭幸福的实质问题作为其研究的核心问题，新时代家政学研究应包含家庭发展能力、家庭关系、家庭管理、家庭教育和家庭文化等方面的内容。

北京开放大学史红改老师以北京开放大学家政专业的非学历教育为例，就"家政非学历教育的数字化转型"进行了深入思考。她认为，通过学历教育的数字化和非学历教育的互联网数字化，联合高校、企业、科研机构、政府和协会共同打造品牌项目，必将促进家政技能人才培养实现规模化、质量化和专业化。

河北师范大学王永颜副教授以"绽放的美丽：河北女师学院家政教育

回眸"为题，结合河北师范大学建校 120 周年，重温了河北师范大学家政学学科从创建到发展的历程，回顾了老一辈家政人探索家政学发展的艰苦奋斗精神，对借鉴历史经验发展新时代的家政学进行了思考。

河北师范大学马丽副教授以"时代浪潮下家政教育的机遇与挑战"为题，从家政相关政策倡导及时代机遇与挑战入手，分析了家政教育面临的机遇和挑战，对如何卓有成效地开展家政教育提出了自己的分析与思考。

（三）产教融合与家政学人才培养研究

习近平总书记提出"深化产业融合，校企合作，深入推进育人方式、办学模式、管理体系，作为保障产教融合有效改革的一个机制"，家政教育产教融合"势"在必行。不少专家学者围绕"产教融合"这一主题，展开了深入探讨。

阳光大姐集团董事长卓长立围绕"深化产教融合，共育家政人才"的主题，提出产教融合要做好两个领域的衔接，一是职业培训，二是职业教育，并提出了培训为就业服务、学习为岗位服务、课程为技能服务的产教融合理念，并阐述了产教融合的"五个贯通"：一是专业设置与产业需求贯通；二是课程内容与职业标准贯通；三是教学过程与服务管理过程贯通；四是毕业证书与职业技能等级证书贯通；五是职业教育与终身学习贯通。

河北师范大学李春晖副教授以"学科交叉视阈下家政学硕士研究生的培养"为题，向大会报告了河北师范大学家政学硕士学位授权点的建设情况，并就家政学硕士研究生培养在中职、高职、本科、研究生全方位的家政学高等教育体系中的作用进行了阐述。他认为，高校要承担建设家政学学科和专业的固有职责，遵循教育规律，发挥好教育体系在人才培养方面的整体力量，满足社会对不同层次人才的需求。

中国老教授协会家政学与家政产业发展专业委员会执行主任张先民围绕"产教融合提质扩容助力家政行业转型升级"，分析了我国家政行业发展概况和现状，指出影响家政行业发展的主要问题，并对高校人才培养提出了建议：一是要加强对行业的理论研究，为政府的决策提供咨询；二是要通过人才培养，向行业产业输送专业人才。

上海开放大学徐宏卓副研究员分享了上海开放大学构建产教融合、协同发展的现代家政服务专业的探索。上海开放大学以现代信息技术为支撑，提出了"大学+系统+平台+社会"协同发展理念。他认为，协同发展首先是观念融通，建设基于产教融合、社会融入、学科融通的现代家政学发展道路；其次是构建社会支持的融通发展模式；最后以资历框架建设融通社会需求。其核心特点就是产教融合与协同发展。

宁波卫生职业技术学院朱晓卓教授分享了宁波家政学院家政服务与管理专业的实践教学模式。他认为，在家政人才培养过程中存在供需匹配、培养有效、教学质量、保障机制四个方面脱节的问题。针对存在的问题，提出"四方协同、导师培养、标准引领、互为供需"的应对措施和工作遵循。具体为四方协同，搭建实践教学的教育供给平台；导师培养，形成企业深度参与实践教学的育人方式；标准引领，开展实践教学质量的监控评价；互为供需，建立专业实践教学与政府、行业、企业对接的保障路径。

湖南女子学院邵汉清教授以"我国家政服务业的定位调整与家政学专业人才培养的因应"为主题，阐述了树立人才培养新理念的重要性。从应对社会需求变化、家政政策调整出发，打造人才培养新体系"家政+专业群"；从培养"服务型人才"到培养"治理型人才"；构建"双贯穿三协同"人才培养模式；不断提升家政学学科贡献度、匹配度、辐射度、认同度。另外，提出了家政学人才培养的路径与模式。

聊城大学薛书敏副教授基于对聊城大学东昌学院家政学专业十二年建设实践的思考，对家政学专业建设与人才培养提出见解。她认为，家政学专业建设应从坚守家政学学科主体地位、立足国家社会发展需要、加强专业负责人培养、强化学生专业信念、加强实践教学建设等方面入手，不断提升家政专业人才培养的不可替代性，形成学科专业发展的螺旋式上升循环模式。

中华女子学院继续教育学院张霁副研究员以"全面推进乡村振兴背景

下的家政发展"为题，阐述了在全面推进乡村振兴战略的大背景下，促进家政教育和家政服务业协同发展对促进城乡社会协同发展的重大意义。并以北京市密云区溪翁庄镇金叵罗村的发展为例，说明家政服务业大有可为，家政事业对促进人民生活幸福的重要作用。

（四）老龄化背景下家政学学科运用

吉林农业大学吴莹教授以"社会组织介入居家养老服务高质量发展研究"为题，从养老服务的时代背景切入，以案例分析的方式，系统地展示了不同类型的社会组织介入养老服务的模式，对提高相应的服务质量提出了自己的见解。一是外引机制，外引社会组织对接社区管理和服务需求，实现高质量的社会组织、品牌化的社会组织，使其更加专业化、规范化和标准化。二是内培机制，充分发挥人才的作用，实现"1+N"的工程孵化，通过培育多元化的社会组织，建立一些管理培训的机制，让家政学的人才更多地通过社会组织这个平台介入到社区、居家的养老服务当中去。

河北师范大学耿永志教授围绕"我国新时代老龄工作的方向、任务和亮点"，首先分享了对《中共中央国务院关于加强新时代老龄工作的意见》等文件的学习体会，并提出了新时代老龄工作的五个亮点。一是适应新形势，贯彻新理念，明确新任务；二是积极老龄观，健康老龄化；三是制定基本养老服务清单；四是聚焦老年人的急难愁盼，推进优质资源不断向老年人身边、家边、周边聚集；五是拓展教育资源，增加就业机会，促进老年人的社会参与。

河北师范大学冯玉珠教授围绕"文化养老背景下老年大学教师的专业化与教学能力建设"，阐述了老年大学教师专业化的意义。他认为老年教师专业化是推进老龄治理战略的现实需要，是实现老龄工作目标的重要举措，是实现文化养老的根本保障，是教师专业化的必要组成部分，是老年教育现代化的基本要求，是老年教育规范化发展的必然趋势，是提高老年大学凝聚力的核心要素等。另外，提出了老年大学教师专业化和提升教学能力的建议。

三 论坛基本特点

4 月 17 日下午，为期两天的首届全国家政学学科建设与专业发展高峰论坛圆满结束。与会专家学者围绕"新时代的家政学"这一主题，从不同的研究维度与视角进行了深度探讨。论坛的内容丰富、信息量大。此次论坛呈现以下特点。

（一）开放性与广泛性

开放性是学科发展的生命力。家政学是一门交叉学科，必然具备开放性，同样开放性的学科发展必然带来学科知识的互补与交叉。

在会议内容上，论坛围绕"新时代的家政学"主题，主要从学科建设、人才培养、家政教育、产业融合、养老服务等方面进行了交流。

在会议形式上，受疫情的影响，本届论坛采取线上与线下相结合的方式开展，解决了传统的线下学术会议时空限制和单一线上交流不充分的问题。河北师范大学校内师生以线下的方式参会，校外的专家学者通过线上的方式参与，同时论坛同步全网直播。

在参与范围上，与会专家来自国内外高校、社会团体、家政企业等多个领域，分别从不同视角探讨家政学未来发展，观点新颖，内容丰富。会议期间，线上线下累计参与数千人次，有的学校还组织了集体收看直播，论坛受到参会师生、学者等的广泛好评。

（二）发展性与时代性

党的十九大报告指出："中国特色社会主义进入新时代，我国社会主要矛盾已经转化为人民日益增长的美好生活需要和不平衡不充分的发展之间的矛盾。"人们对美好生活的向往与追求，是推动人类不断前行和历史不断向前发展的动力。家政教育在我国有着悠久的历史，家政教育始终与国家发展和人们的生活息息相关、密不可分。

近年来，随着国家对家政行业支持力度的不断加大和人们对家政认识的不断深入，无论是家政教育，还是家政服务业，都有了长足的进步和快速的发展，可以说新时代家政学也迎来了一个崭新的发展阶段，面临前所未有的发展机遇。例如，河北师范大学秉承家政教育的办学传统，2019年家政本科专业恢复招收、2021年招收第一批硕士研究生，就是推动家政教育发展的生动实践。此次论坛是在全国家政同仁共同支持和参与下，顺应家政发展的时代步伐，响应国家号召、满足时代需求而召开的一次家政盛会，意义重大。

（三）专题性与交融性

本次论坛，与会专家学者围绕"新时代的家政学"从不同角度出发，凝练出"双减"背景下的家政教育·家政·家教与生活，日本的家政教育、家庭学科的建立与发展，中国台湾地区的中学家政课程，家政学专业的硕士、本科和高职人才的培养以及课程体系建设，家政学人的知识架构，产教融合，家庭的幸福，养老，家政教育的历史，乡村振兴，以及新时代家政教育和家政服务业面临的机遇和挑战等专题，具有很强的时代价值。

每场专题报告都有完整的研究体系，体现了各位专家学者对关注问题的深度思考，凝聚着与会专家的真知灼见。不同专题报告之间有内容的融合与交叉，既有对同一个问题的不同思考，又有对不同内容的独到见解。所有报告都融入"新时代的家政学"这个大主题中，完美诠释了家政学综合交叉融合的学科特点，更展现了全国家政同仁心系家政、投身家政和为家政的发展而努力的可贵情怀！

（编辑：朱瑞玉）

《家政学研究》集刊约稿函

　　《家政学研究》以习近平新时代中国特色社会主义思想为指导，秉持"交流成果、活跃学术、立足现实、世界眼光、面向未来"的办刊宗旨，把握正确的政治方向、学术导向和价值取向，探究我国新时代家政学领域的重大理论与实践问题。

　　《家政学研究》是由河北师范大学家政学院、河北省家政学会联合创办的学术集刊，每年出版两辑。集刊以家政学理论、家政教育、家政思想、家政比较研究、家政产业、家政政策、养老、育幼、健康照护等为主要研究领域。欢迎广大专家、学者不吝赐稿。

一、常设栏目（包括但不限于）

　　1. 学术前沿；

　　2. 热点聚焦；

　　3. 家政史研究；

　　4. 人才培养；

　　5. 国际视野；

　　6. 家庭生活研究；

　　7. 家政服务业；

　　8. 家政教育。

二、来稿要求

　　1. 文章类型：本刊倡导学术创新，凡与家政学、家政教育相关的理论研究、学术探讨、对话访谈、国外研究动态、案例分析、调查报告等不同形式的优秀论作均可投稿。欢迎相关领域的专家学者，从本学科领域对新时代家政学的内容体系构建和配套制度建设方面提出新的创见。

2. 基本要求：投稿文章一般 1.0 万~1.2 万字为宜，须未公开发表，内容严禁剽窃，学术不端检测重复率低于 15%，文责自负。

3. 格式规范：符合论文规范，包含标题、作者（姓名、单位、省市、邮编）、摘要（100~300 字）、关键词（3~5 个）、正文（标题不超过 3 级）、参考文献（参考文献和注释均采用页下注，每页排编序码，序号用 ①②③标示）、作者简介等。

附：正文标题的层次为"一、……（一）……1.……"，各级标题连续编号，特殊格式均为首行缩进 2 字符。编写格式：一、四号，黑体，行距 1.5 倍；（一）小四号，宋体加粗，行距 1.5 倍；正文为小四号，宋体，行距 1.5 倍。

4. 投稿邮箱：jzxyj@ hebtu. edu. cn

5. 联系电话：0311-80786105

三、其他说明

1. 来稿请注明作者姓名、工作单位、职务或职称、学历、主要研究领域、通信地址、邮政编码、联系电话、电子邮箱地址等信息，以便联络。

2. 来稿请勿一稿多投，自投稿之日起一个月内未收到录用或备用通知者，可自行处理。编辑部有权对来稿进行修改，不同意者请在投稿时注明。

3. 本书可在中国知网收录查询，凡在本书发表的文章均视为作者同意自动收入 CNKI 系列数据库及资源服务平台，本书所付稿酬已包括被纳入该数据库的报酬。

《家政学研究》编辑部

2022 年 12 月

图书在版编目（CIP）数据

家政学研究.第 1 辑 / 河北师范大学家政学院，河北
省家政学会主编.--北京：社会科学文献出版社，
2023.4
　　ISBN 978-7-5228-1547-3

　　Ⅰ.①家… Ⅱ.①河… ②河… Ⅲ.①家政学-研究
Ⅳ.①TS976

中国国家版本馆 CIP 数据核字（2023）第 045931 号

家政学研究（第 1 辑）

主　　编 / 河北师范大学家政学院　河北省家政学会

出 版 人 / 王利民
责任编辑 / 高振华
责任印制 / 王京美

出　　版 / 社会科学文献出版社·城市和绿色发展分社（010）59367143
　　　　　　地址：北京市北三环中路甲 29 号院华龙大厦　邮编：100029
　　　　　　网址：www.ssap.com.cn
发　　行 / 社会科学文献出版社（010）59367028
印　　装 / 三河市东方印刷有限公司

规　　格 / 开　本：787mm×1092mm　1/16
　　　　　　印　张：13　字　数：191 千字
版　　次 / 2023 年 4 月第 1 版　2023 年 4 月第 1 次印刷
书　　号 / ISBN 978-7-5228-1547-3
定　　价 / 88.00 元

读者服务电话：4008918866